HEATHER CAMPBELL · BENJAMIN BLANCHARD

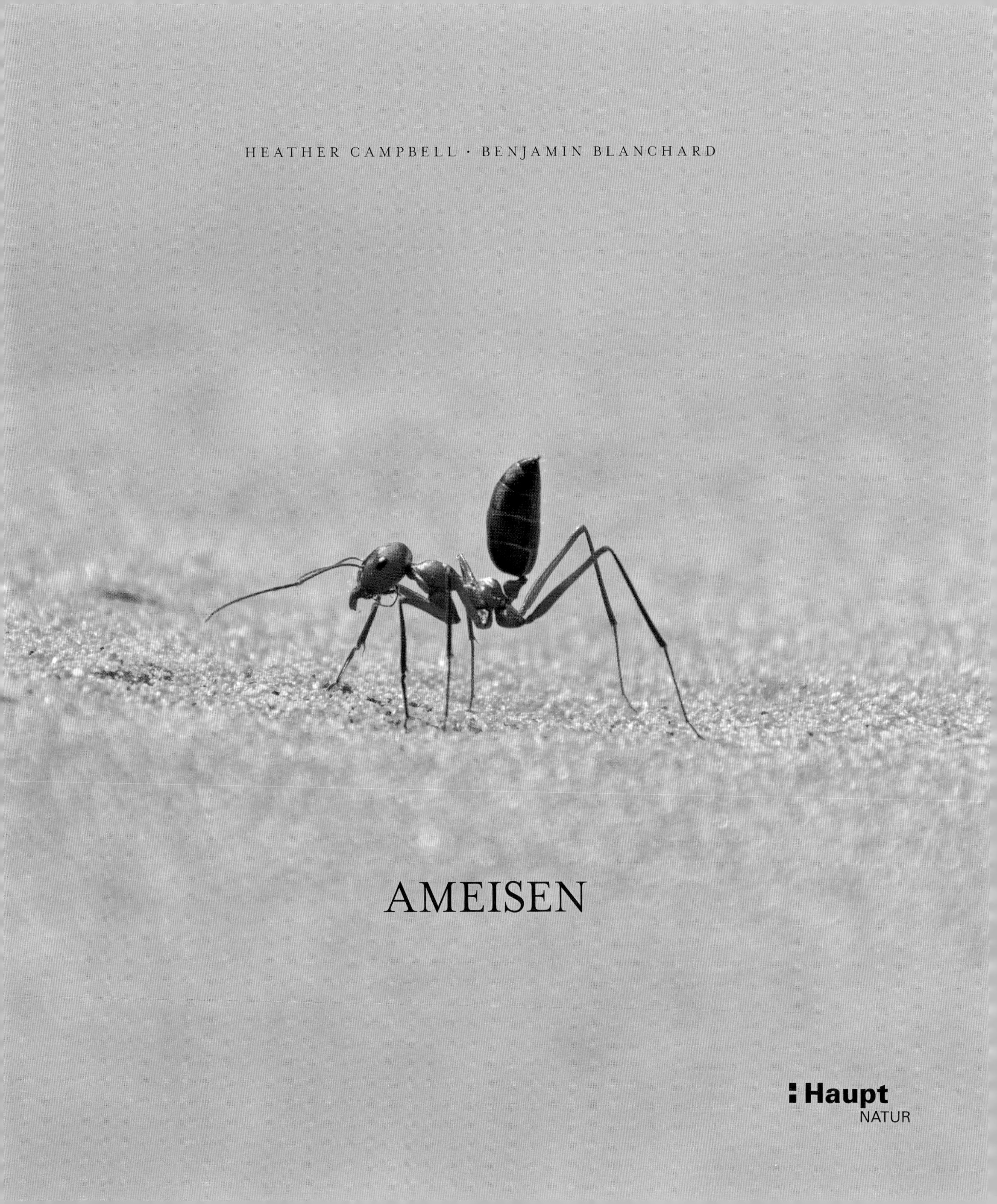

AMEISEN

Haupt
NATUR

HEATHER CAMPBELL · BENJAMIN BLANCHARD

AMEISEN

Die faszinierende Welt der kleinen Naturarchitekten

Aus dem Englischen übersetzt
von Monika Niehaus

HAUPT VERLAG

© Shutterstock, Huza Studio

Sie möchten nichts mehr verpassen?

Folgen Sie uns auf unseren Social-Media-Kanälen und bleiben Sie via Newsletter auf dem neuesten Stand.

www.haupt.ch/informiert

Wir verlegen mit Freude und großem Engagement unsere Bücher. Daher freuen wir uns immer über Anregungen zum Programm und schätzen Hinweise auf Fehler im Buch, sollten uns welche unterlaufen sein.

www.haupt.ch

1. Auflage: 2024

ISBN 978-3-258-08374-2

Aus dem Englischen übersetzt von Monika Niehaus, DE-Düsseldorf
Fachlektorat der deutschsprachigen Ausgabe: Brigitte Braschler, DE-Leipzig
Satz der deutschsprachigen Ausgabe: Die Werkstatt Medien-Produktion GmbH, DE-Göttingen
Layout und Coverdesign: Kevin Knight
Bildrecherche: Jane Smith

Umschlagabbildungen: Adisak Mitrprayoon/istock (vorne);
Simon Dannhauer/Shutterstock (Rücken); Chien C. Lee (hinten)

Die englischsprachige Originalausgabe erschien 2023 unter dem Titel
ANTS – A VISUAL GUIDE bei Princeton University Press.

Konzept, Design und Produktion: The Bright Press, ein Imprint der Quarto Group,
1 Triptych Place, London SE1 9SH, United Kingdom.

Gedruckt in China

MIX
Papier | Fördert gute Waldnutzung
FSC® C016973

Um lange Transportwege zu vermeiden, hätten wir dieses Buch gerne in Europa gedruckt. Bei Lizenzausgaben wie diesem Buch entscheidet jedoch der Originalverlag über den Druckort. Der Haupt Verlag kompensiert mit einem freiwilligen Beitrag zum Klimaschutz die durch den Transport verursachten CO_2-Emissionen. Dabei unterstützt der Verlag ein Projekt zur nachhaltigen Forstbewirtschaftung in der Zentralschweiz. Wir verwenden FSC®-zertifiziertes Papier. FSC® sichert die Nutzung der Wälder gemäß sozialen, ökonomischen und ökologischen Kriterien.

Diese Publikation ist in der Deutschen Nationalbibliografie verzeichnet.
Mehr Informationen dazu finden Sie unter http://dnb.dnb.de.

Der Haupt Verlag wird vom Bundesamt für Kultur für die Jahre 2021–2024 unterstützt.

INHALT

Ameisen: Eine Einführung 6

KAPITEL 1
WAS IST EINE AMEISE? 14
Ameisenanatomie 16
Form und Funktion 18
Angriff und Verteidigung 20
Fortbewegung 22
Sinnesorgane 24
Innere Anatomie 26
Fortpflanzung 28
Ameisenporträts:
Odontomachus 30
Gigantiops 32
Polyrhachis 34
Carebara 36
Melissotarsus 38
Harpegnathos 40
Tatuidris 42

KAPITEL 2
EVOLUTION UND VIELFALT 44
Der Ameisenstammbaum 46
Die *Big Five* des Ameisenstammbaums 48
Aufstieg zur Vorherrschaft 52
Zeitkapseln 54
Neuerungen und evolutionäre Abwägungen 56
Eine kosmopolitische Gruppe 59
Inselbewohner 62
Ameisenporträts:
Nothomyrmecia 66
Crematogaster 68
Pheidole 70
Strumigenys 72
Haidomyrmecinae 74
Martialis 76
Discothyrea 78

KAPITEL 3
LEBENSZYKLUS, FORTPFLANZUNG UND ENTWICKLUNG 80
Lebenszyklus 82
Love is in the Air 85
Koloniegründung – Variationen eines Themas 88
Geschlechtsbestimmung und Eusozialität 92
Kasten bei Ameisen 94
Ausbeutung fremder Arbeiterinnen 100
Ameisenporträts:
Mystrium 102
Stigmatomma 104
Eciton 106
Formica 108
Oecophylla 110
Messor 112
Dinoponera 114

KAPITEL 4
VERHALTEN 116
Wegweisendes Wirken 118
Koloniegeplauder 122
Von Mund zu Mund 124
Sehen heißt Glauben 126
Sicherheit ist Trumpf 128
Baukunst und Architektur 131
Lernen und Erinnern 134
Ameisenporträts:
Cataglyphis 136
Colobopsis 138
Euprenolepis 140
Aphaenogaster 142
Cephalotes 144
Megaponera 146
Plectroctena 148

KAPITEL 5
ÖKOLOGIE 150
Der Grundpfeiler der Ameisenökologie 152
Ressourcen finden, Ressourcen halten ... oder doch nicht? 156
Symbiosen und andere Beziehungen 160
Profiteure, die nicht schaden 164
Vagabundierende Jäger und der Feind im Inneren 167
Ameisen im Anthropozän 170
Ameisenporträts:
Azteca 172
Rhytidoponera 174
Anoplolepis 176
Camponotus 178
Atta 180
Neoponera 182
Tetraponera 184

KAPITEL 6
AMEISEN UND MENSCHEN 186
Landwirtschaft: Ist die Ameise Freund oder Feind? 188
Nahrung und Medikamente 190
Kulturelle Ikonen 194
Künstlerische Inspirationen 196
Lehrkräfte und Forschungsobjekte 198
Welt im Wandel 200
Ameisenporträts:
Linepithema 202
Dorylus 204
Lasius 206
Melophorus 208
Myrmecia 210
Tetramorium 212
Paraponera 214

Glossar **216**
Weiterführende Literatur **219**
Register **221**
Abbildungsnachweis **223**
Danksagung **224**
Über Heather Campbell und Benjamin Blanchard **224**

AMEISEN: EINE EINFÜHRUNG

Die bescheidene Ameise ist fleißig, allgegenwärtig und wird von uns Menschen überall auf der Welt sofort erkannt. Vom städtischen Bürgersteig bis zum Kronendach von Regenwäldern – überall stoßen wir auf Ameisen, doch wir verschwenden nur selten einen Gedanken daran, was sie so erfolgreich gemacht hat, dass sie praktisch in jeden terrestrischen Winkel der Erde vorgedrungen sind. Ameisen können bis zu einem Drittel der Biomasse von Insekten ausmachen, eine Menge, die um ein Vielfaches größer ist als die Biomasse aller landlebenden Wirbeltiere. Eine einzelne Kolonie Blattschneiderameisen zählt mehr Individuen als die gesamte Einwohnerschaft von New York (10 Millionen Ameisen gegenüber 8,6 Millionen Menschen). Aber eine hohe Individuenzahl allein erklärt ihre Bedeutung nicht; diese basiert vielmehr auf ihren wesentlichen Rollen in Ökosystemen und einer riesigen Fülle von Wechselbeziehungen mit anderen Organismen. Nehmen Sie als Beispiel *Eciton burchellii,* eine räuberische Wanderameise; allein diese Art unterhält Beziehungen zu mindestens 557 anderen Arten, darunter mehr als 200 Vögeln.

Ihre Beziehungen zu anderen Arten decken ein breites Spektrum von Wechselbeziehungen ab – von einem engen, im Lauf einer Koevolution entwickelten symbiotischen Verhältnis, bei dem sie in spezialisierten Pflanzenstrukturen nisten, bis zu ihrer Rolle bei der Pflege säftesaugender Blattläuse. Sie sind immerhungrige Räuber (Prädatoren), bekannt für ihre Kraft und die Fähigkeit, Beute zu überwältigen, die deutlich größer ist als sie selbst; dabei setzen sie neben chemischen Waffen auf ihre eindrucksvollen Kiefer und ihren noch eindrucksvolleren Stachel. Ameisen beherbergen in ihren Nestern eine ganze Reihe von Besuchern; dabei reicht das Spektrum von anderen Wirbellosen bis zu Pilzen, die sie als Nahrung züchten. Einige Wirbellose, wie Spinnen, ahmen sie nach in der Hoffnung, für eine aggressive oder ungenießbare Ameise gehalten zu werden.

Als Gruppe bilden die Formicidae (Ameisen) eine Familie, die zu der großen Insektenordnung der Hautflügler (Hymenoptera) gehört, zu welcher auch Bienen und Wespen (Taillen- und Pflanzenwespen) gehören. Bis heute sind etwa 14 000 Arten bekannt, doch Schätzungen zufolge sind vermutlich weitere 10 000 Arten noch nicht entdeckt oder systematisch beschrieben. Ameisen, die

LINKS: Eine weit verbreitete Ameisen-Insekten-Symbiose ist die Pflege von Phloemsaft-saugenden Schnabelkerfen (Hemiptera), die süßen Honigtau erzeugen. Die Ameisen ernähren sich von diesem Honigtau und schützen die Blattläuse im Gegenzug vor Fressfeinden und parasitoiden Attacken.

GEGENÜBER, OBEN: Die Entwicklung aufwendiger Dornen ist Teil einer evolutionären Abwägung zwischen Dornen und den Verteidigungsmitteln anderer Ameisen, beispielsweise einem funktionstüchtigen Stachel.

GEGENÜBER, UNTEN: Arbeiterinnen wie diese *Leptogenys*-Ameise transportieren Eier, Larven und Puppen innerhalb des Nests von einem Ort zum anderen oder auch zu neuen Nestern.

innerhalb der Insekten eine einzige Familie bilden, werden in 16 heute lebende (rezente) Unterfamilien unterteilt; dazu kommen 6 weitere Unterfamilien, die nur ausgestorbene Arten enthalten. Was die Artenvielfalt angeht, so ist diese ganz unterschiedlich über die einzelnen Unterfamilien verteilt: Einige enthalten nur eine einzige Art, während die höchst erfolgreiche Unterfamilie Myrmicinae mehr als 7000 Arten umfasst.

Auch wenn es einfach ist, eine Ameise zu erkennen, wenn wir sie sehen, ist es deutlich schwieriger zu definieren, was genau eine Ameise ausmacht. Typisch für Ameisen sind abgewandelte abdominale Taillensegmente, Fühler mit einem Knick („gekniet“) und eine Metathorakaldrüse (auch Metapleuraldrüse genannt). Auffälliger ist das Fehlen von geflügelten Tieren in der Arbeiterkaste, was Ameisen von den meisten ihrer engen Verwandten, den Bienen und Wespen, unterscheidet. Mit bloßem Auge betrachtet, gleichen sie geschäftig herumwuselnden Punkten auf sechs Beinen, die sich nur schwer auseinanderhalten lassen. Unter dem Mikroskop erkennt man jedoch, dass sie ganz unterschiedlich aussehen und Merkmale wie säbelförmige Kiefer, auffällige Dornen, bizarr geformte Haare oder große, glitzernde Augen aufweisen.

Ameisengesellschaften faszinieren uns – von einem Weibchen geführte Kolonien, deren Mitglieder gemeinsam nach Nahrung suchen und den Nachwuchs aufziehen. Solche Ameisenkolonien können je nach Art wenige Individuen bis einige Millionen Tiere umfassen. Diese Kolonien haben eine oder mehrere Königinnen, deren Töchter als Arbeiterinnen auf Nahrungssuche gehen und sich um den Nachwuchs im Nest kümmern. Das heißt, dass alle Arbeiterinnen Schwestern und damit eng verwandt sind. Die Königinnen können ein hohes Alter erreichen (bei einer Art 30 Jahre); die Männchen sind hingegen in der Regel kurzlebig und sterben nach der Paarung mit einer Königin. In echtem Ameisenstil haben diese Insekten ihre grundlegende Biologie vielfach abgewandelt. Bei manchen Arten gibt es sich fortpflanzende Arbeiterinnen statt einer Königinnenkaste, andere wiederum leben parasitisch im Nest der Wirtsart.

Was uns bei Ameisen am meisten verblüfft, ist wohl die Vielfalt ihrer Verhaltensweisen. Sie besitzen eine bemerkenswerte Fähigkeit zu Kooperation und Kommunikation, wenn es darum geht, ihr Nest vor Eindringlingen zu beschützen oder gemeinsam zu jagen und Beute zurück zum Nest zu bringen. Die Fortpflanzungsfähigkeit einer Ameisenkönigin ist enorm; im Lauf ihres Lebens kann sie mehr als 250 Millionen Eier legen. Und eine Königin kann in ein artfremdes Ameisennest eindringen, die ursprüngliche Königin töten und die verbleibenden Arbeiterinnen einer anderen Art dann so manipulieren, dass diese den Nachwuchs der „Neuen“ füttern und aufziehen. Bekannt ist überdies, dass Ameisen verletzte Nestgenossinnen retten und sie wie eine Ambulanz zurück ins Nest transportieren, wo sie sich erholen können. Um all diese erstaunlichen Facetten des Ameisenverhaltens, aber auch um ihre Wechselbeziehungen mit anderen Arten, ihre Anatomie und ihre Biologie geht es in diesem Buch.

SYSTEMATISCHE EINTEILUNG DER AMEISEN

Stamm: Arthropoda | Klasse: Insecta | Ordnung: Hymenoptera | Familie: Formicidae

Unterfamilien	Gattungs- und Artenzahl	Anmerkungen
Die „Big Five"		
Dolichoderinae	28 Gattungen, 714 Arten (136 Arten)	Einzelner Petiolus, schlitzförmige Öffnung zur chemischen Verteidigung. Die artenreichsten Gattungen sind *Dolichoderus, Technomyrmex, Azteca* und *Iridomyrmex*.
Dorylinae	27 Gattungen, 749 Arten (8 Arten)	Kräftiger Stachel. Die artenreichsten Gattungen sind *Aenictus, Neivamyrmex* und *Lioponera*.
Formicinae	52 Gattungen, 3244 Arten (171 Arten)	Diese Unterfamilie enthält 23 Prozent aller Ameisenarten weltweit. Einzelner Petiolus und Acidoporus. Mehr als 1000 *Camponotus*-Arten.
Myrmicinae	147 Gattungen, 7075 Arten (187 Arten)	Mehr als die Hälfte aller Arten weltweit gehört zu dieser Unterfamilie. Petiolus- und Postpetiolusknoten. *Pheidole, Strumigenys* und *Tetramorium* sind die artenreichsten Gattungen.
Ponerinae	50 Gattungen, 1267 Arten (87 Arten)	Einzelnes Petiolussegment und gewöhnlich ein kräftiger Stachel. Die artenreichsten Gattungen sind *Leptogenys, Hypoponera* und *Anochetus*.
Kleinere Unterfamilien		
Agroecomyrmecinae	2 Gattungen, 2 Arten (3 Arten)	2 rezente Arten, *Ankylomyrma coronacantha* und *Tatuidris tatusia*
Amblyoponinae	9 Gattungen, 143 Arten (7 Arten)	Höchste Artenzahl bei *Fulakora, Stigmatomma* und *Prionopelta*
Aneuretinae	1 Gattung, 1 Art (12 Arten)	1 rezente Art, *Aneuretus simoni*, in Sri Lanka
Apomyrminae	1 Gattung, 1 Art	1 Art, *Apomyrma stygia*, in Westafrika
Ectatomminae	12 Gattungen, 302 Arten (14 Arten)	Die artenreichsten Gattungen sind *Gnamptogenys* und *Rhytidoponera*.
Leptanillinae	7 Gattungen, 70 Arten	Die artenreichste Gattung ist *Leptanilla*.
Martialinae	1 Gattung, 1 Art	1 Art, *Martialis heureka*, in Brasilien
Myrmeciinae	2 Gattungen, 94 Arten (22 Arten)	Alle rezenten Arten gehören zu *Myrmecia* (93 spp.) außer 1 *Nothomyrmecia*-Art
Paraponerinae	1 Gattung, 1 Art (1 Art)	1 rezente Art, *Paraponera clavata*, und 1 fossile Art, *Paraponera dieteri*
Proceratiinae	3 Gattungen, 165 Arten (12 Arten)	3 Gattungen, *Proceratium, Discothyrea* und *Probolomyrme*.
Pseudomyrmecinae	3 Gattungen, 235 Arten (20 Arten)	3 Gattungen, *Pseudomyrmex, Tetraponera* und *Myrcidris* mit nur 1 Art

Unterfamilien	Gattungs- und Artenzahl	Anmerkungen
Nur aus Fossilfunden bekannt		
Armaniinae	2 Gattungen, 12 Arten	Gattungen sind *Armania* und *Pseudarmania*.
Brownimeciinae	1 Gattung, 1 Art	Monotypische Gattung mit 1 Art, *Brownimecia clavata*
Formiciinae	2 Gattungen, 6 Arten	Gattungen sind *Formicium* und *Titanomyrma*.
Haidomyrmecinae	10 Gattungen, 16 Arten	Alle Gattungen haben nur 1 Art, mit Ausnahme von *Ceratomyrmex* (2 spp.), *Haidomyrmex* (4 spp.) und *Linguamyrmex* (3 spp.).
Sphecomyrminae	4 Gattungen, 12 Arten	*Gerontoformica* ist die artenreichste Gattung (9 Arten).
Zigrasimeciinae	3 Gattungen, 6 Arten	Gattungen sind *Boltonimecia* (1 sp.), *Protozigrasimecia* (1 sp.) und *Zigrasimecia* (4 spp.).

Die aufgelisteten Zahlen geben nur die heute vorhandene Artenzahl innerhalb einer Unterfamilie an. Zahlen in Klammern geben die zusätzliche Anzahl ausgestorbener Arten an. Die Gattungs- und Artenzahlen innerhalb von Unterfamilien, die nur aus Fossilfunden bekannt sind, beziehen sich allesamt auf ausgestorbene Gattungen und Arten.

WER ERFORSCHT AMEISEN?

Die Wissenschaftler:innen, die sich auf die Erforschung der Biologie von Ameisen spezialisiert haben, werden als Myrmekolog:innen bezeichnet (abgeleitet vom altgriechischen *myrmex* für Ameise). Wie Naturwissenschaftler:innen, die viele Aspekte der Ameisenbiologie untersuchen, beschäftigen sich auch Computerwissenschaftler:innen und Ingenieur:innen mit diesen Insekten. Forschungsschwerpunkte gibt es in den USA, Brasilien, Deutschland, Australien, Frankreich, Japan, China und Großbritannien. Wie bei vielen Subdisziplinen der Entomologie (Insektenkunde) ist die Fauna tropischer Regionen generell weniger gut untersucht, obwohl dort die größte Artenvielfalt herrscht. Das ändert sich allmählich, erfordert jedoch Investitionen in die Ameisenforschung, was Länder im Globalen Süden betrifft. Traditionellerweise gelten europäische und amerikanische Männer als Pioniere der Myrmekologie, während die Beiträge von Frauen und von Wissenschaftler:innen anderer Weltregionen häufig übersehen wurden. Gegenwärtig publizieren Frauen rund ein Drittel aller wissenschaftlichen Artikel über Ameisen; Daten über den Anteil von Wissenschaftler:innen aus anderen marginalisierten Gruppen stehen nicht zur Verfügung. Auch wenn die Partizipation wächst, ist es noch ein langer Weg bis zu einer wirklich diversen und gleichberechtigten Gemeinschaft von Myrmekolog:innen.

OBEN: In einem Nest finden sich neben einer Königin erwachsene (adulte) Arbeiterinnen, wie auch die Jugend- oder Juvenilstadien der Kolonie, welche als Brut bezeichnet werden (Eier, Larven und Puppen).

LEBENSRÄUME DER AMEISEN

Ameisen leben überall auf dem Globus, mit Ausnahme der kältesten Polarregionen und einigen Inseln. In diesem Buch unterscheiden wir acht große biogeografische Regionen, um die Verbreitung der verschiedenen Arten zu beschreiben. Zur Neotropis gehören Zentral- und Südamerika wie auch die Karibik, während die Nearktis den größten Teil Nordamerikas abdeckt. Die riesige paläarktische Region umfasst Europa, Asien nördlich des Himalajas und Afrika nördlich der Sahara. Manchmal wird der Begriff Holarktis verwendet, um eine Verbreitung von Ameisen auf der nördlichen Hemisphäre zu beschreiben; dies umfasst die nearktische und die paläarktische Region. Die afrotropische Region umfasst Afrika südlich der Sahara, Teile der Arabischen Halbinsel und die Insel Madagaskar. Die indomalayische Region besteht aus Indien und Südostasien, während die australasische Region Australien, Neuguinea und den östlichen Teil von Indonesien umfasst. Zur ozeanischen Region zählen Mikronesien, die Fidschi-Inseln, die Hawaii-Inseln und Polynesien. In der letzten Region, der Antarktis, leben keine Ameisen. In allen Regionen werden die meisten terrestrischen Lebensräume von Ameisen besiedelt. Dazu gehören natürliche und halbnatürliche Wälder, Grasgebiete, Buschland, Feuchtgebiete und Wüstenregionen. Ameisen besiedeln häufig auch von Menschen umgestaltete Gebiete, wie landwirtschaftliche Flächen, die für Ackerbau, als Viehweide und Forstplantagen genutzt werden, oder auch urbane Räume.

Die Mehrheit aller Ameisen besiedelt ein Nest oder eine Reihe von Nestern. Ein Nest bietet der Ameisenkolonie sichere und stabile Lebensbedingungen für die Königin und die Brut sowie einen zentralen Ort, von dem aus die Arbeiterinnen auf Nahrungssuche

UNTEN: Ameisen sind anpassungsfähig und bauen ihre Nester in vielen Mikrohabitaten über oder auch unter der Erde. Besonders wichtig sind für sie Verfügbarkeit und Struktur von lebender und toter Vegetation.

GEGENÜBER: Die sieben biogeografischen Regionen, die im ganzen Buch dazu dienen, die Verbreitungsmuster von Ameisen zu beschreiben (Antarktis ausgenommen).

gehen. Andere Ameisen haben einen nomadischen Lebensstil entwickelt, suchen auf ihren Wanderungen nach Nahrung und legen Nester (Biwaks) an; manchmal bauen sie ein Biwak aus ihren eigenen Körpern, die sie miteinander verhaken.

Grob gesagt, kann man Ameisen in zwei Kategorien einteilen: solche, die ihre Nester auf dem oder im Boden anlegen, und solche, die sie auf Bäumen bauen. Bodennistende Ameisen haben ein breites Spektrum von Möglichkeiten. Sie können unterirdisch leben und ihre Nester tief in der Erde anlegen, in der Laubstreu oder opportunistisch unter Steinen und umgefallenen Baumstämmen nisten. Auf dem Boden nistende Ameisen können Pflanzenmaterial nutzen, auch wenn sie nicht direkt Bäume besiedeln. Sie nisten zum Beispiel in Hohlräumen, die hohle tote Äste und Zweige bieten, im Inneren von Nüssen oder Samen auf dem Waldboden und vor allem in vermodernden Holzstämmen.

Baumlebende Ameisen nisten auf oder in Bäumen und nutzen dabei eine breite Palette von Strategien. Einige Ameisen können Gänge in lebendem Holz anlegen und ihre eigenen Nisthöhlen schaffen oder ein Netzwerk von Galerien unter der Rinde ausheben. Andere können Blätter miteinander verweben, um ein Nest zu bauen oder einen Ameisengarten anzulegen; dieser kombiniert recyceltes Pflanzenmaterial mit Samen von dazwischen gesäten Epiphyten (Aufsitzerpflanzen), die für Stabilität sorgen sollen. Pflanzen können Ameisen Hohlräume (Domatien) zur Verfügung stellen, spezialisierte und modifizierte Strukturen wie aufgetriebene Dornen oder hohle Astabschnitte, die von der Pflanze gezielt für die Besiedlung durch Ameisen ausgebildet werden.

Ameisen zeigen, wenn es um Nahrungssuche oder Nistplatz geht, oft eine Spezialisierung auf eine bestimmte Schicht oder Stratum (unterirdisch, Laubstreu, Kronendach), müssen aber nicht unbedingt im selben Mikrohabitat nach Nahrung suchen, in dem sie nisten. Viele Ameisenarten, die auf Bäumen nisten, suchen am Boden nach Nahrung, während bodennistende Ameisen Bäume aufsuchen, um zu jagen oder um pflanzliche Ressourcen auszubeuten, wie beispielsweise Pflanzennektar oder Honigtau von Insekten.

KARTE DER BIOGEOGRAFISCHEN REGIONEN

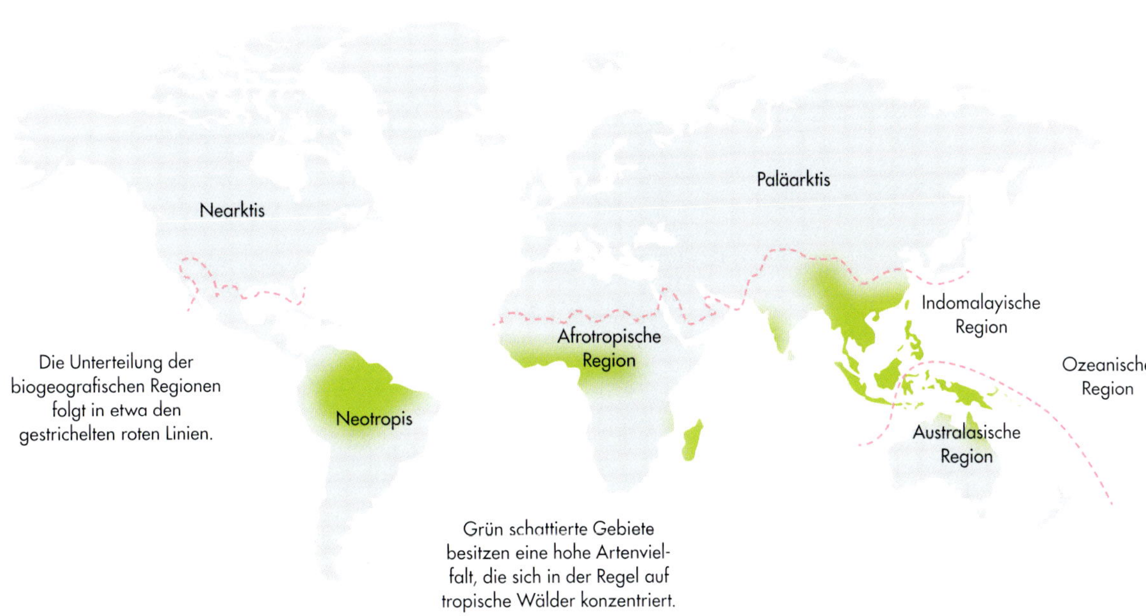

ÜBER DIESES BUCH

Dieses Buch umfasst sechs Kapitel, die unterschiedliche Aspekte der Biologie und Ökologie von Ameisen behandeln. Zwar sind viele Themen miteinander verknüpft, doch diese Organisation erlaubt uns, die wichtigsten Themen in der Biologie von Ameisen zu diskutieren. Die Themen der einzelnen Kapitel werden von Porträts verschiedener Ameisengattungen begleitet, die die einzigartigen Geschichten der betreffenden Gruppen näher beleuchten.

DIE KAPITEL

Was ist eine Ameise? gibt einen Überblick über die körperlichen Merkmale von Ameisen einschließlich ihres grundlegenden Körperbauplans. Wir untersuchen Details der äußeren Anatomie, einschließlich der morphologischen Merkmale, die für Angriff und Verteidigung eine Rolle spielen, sowie auch Strukturen, die zur Fortbewegung und zur Wahrnehmung der Umwelt dienen.

In *Evolution und Vielfalt* fassen wir die Evolution der Ameisen kurz zusammen und besprechen nacheinander die *Big Five* oder „Grossen Fünf" – die artenreichsten Unterfamilien der Ameisen. Wir diskutieren Theorien, die die Dominanz von Ameisen erklären, und besprechen Neuerungen und evolutionäre Abwägungen, die zu ihrem Erfolg beigetragen haben. Anschließend besprechen wir Erkenntnisse aus Fossilfunden von Ameisen und beleuchten die globalen Verbreitungsmuster von Ameisen, und zwar speziell von insellebenden Arten.

In *Lebenszyklus, Fortpflanzung und Entwicklung* geht es speziell um den Lebenszyklus von Ameisen und ihr Paarungsverhalten. Die Gründung einer Kolonie kann bei Ameisen auf vielerlei Weisen erfolgen, die wir erläutern; anschließend geht es um den Mechanismus der Geschlechtsbestimmung. Eusozialität und die verschiedenen Kasten des Ameisenstaates werden kurz umrissen und die Ausbeutung der Arbeiterinnen diskutiert.

In *Verhalten* beginnen wir mit einer Einführung in das Orientierungs- und Navigationssystem von Ameisen, das sie vor allem zur Nahrungssuche einsetzen. Weiter geht es mit den verschiedenen Methoden, die Ameisen zur Kommunikation einsetzen, und der Beschreibung des „sozialen Magens" von Ameisen sowie ihrer Trophallaxis. Es folgt eine Übersicht über vielfältige andere Verhaltensweisen, darunter den Gebrauch des Sehsinns, Aggression, Verteidigung, Nestbau und Gedächtnis.

Ökologie gibt einen Überblick über die wichtigsten Themen der Ameisenökologie – ein Schwerpunkt der Ameisenforschung. Zunächst untersuchen wir direkte und indirekte kompetitive Interaktionen zwischen Ameisen und wie diese zur Koexistenz von Ameisen und zur Teilung ökologischer Nischen beitragen. Anschließend beschäftigen wir uns mit einer Reihe von Wechselbeziehungen zwischen Ameisen und anderen Organismen, wie Symbiose, Kommensalismus und antagonistische Interaktionen mit Prädatoren wie auch Parasiten. Und schließlich diskutieren wir kurz den Einfluss des menschenbedingten Habitatverlusts und Möglichkeiten zum Schutz von Ameisenarten.

Ameisen und Menschen zeigt, wie Ameisen das menschliche Leben in vielerlei Weise beeinflussen, beispielsweise durch ihre Rolle in der Landwirtschaft, ihre Nutzung als Nahrung und Arzneimittel und ihren kulturellen Wert in der bildenden Kunst sowie in Märchen und Fabeln. Und schließlich beschreiben wir, wie die Öffentlichkeit durch Bürgerwissenschaft (Citizen Science) und die globalen Auswirkungen invasiver Ameisenarten an der Ameisenforschung beteiligt ist.

AMEISENPORTRÄTS

Die Ameisenprofile bieten Gelegenheit, tiefer in die Biologie einer bestimmten Gruppe einzudringen. Sie werden in der Regel auf der Ebene der Gattung abgehandelt, mit Ausnahme der fossilen Gruppe Haidomyrmecinae, die eine Unterfamilie bildet. Wenn Trivialnamen existieren, werden sie genannt. Allerdings haben viele Ameisen keine umgangssprachlichen Namen und andere Gattungen teilen sich einen Trivialnamen. Jedes Porträt bietet einen kurzen Überblick über Biologie und Ökologie, bevor es sich auf die interessanten Merkmale der Gruppe konzentriert. Aufgrund der geringen Größe und der heimlichen Lebensweise von Ameisen sind viele Aspekte ihrer Biologie bislang noch nicht gut erforscht, doch die Details in diesen Porträts bieten einen kurzen Einblick in das, was wir gegenwärtig über ihr Leben wissen. Die Informationen über Verbreitung, Lebensräume, Ernährung und Nistvorlieben sind auf dem gegenwärtigen Stand der Wissenschaft.

GEGENÜBER: Zu den behandelten Themen (im Uhrzeigersinn von oben links) gehören äußere Anatomie der Ameise, morphologische Merkmale, Kommunikation, Einfluss auf den Lebensraum, Wechselbeziehungen mit der natürlichen Welt und Koloniewanderung

1 | WAS IST EINE AMEISE?

AMEISENANATOMIE

Ameisen lassen sich durch eine Kombination dreier einzigartiger körperlicher Merkmale charakterisieren: eine auffällige ein- oder zweiteilige Taille, gekniete Antennen und eine Metathorakaldrüse (auch Metapleuraldrüse genannt). Sie weisen einen typischen Insekten-Grundbauplan auf. Dazu gehören sechs Beine, zwei Paar Flügel (die bei Arbeiterinnen fehlen) und eine Unterteilung des Körpers in drei Hauptabschnitte: Als Wirbellose haben sie keine Wirbelsäule oder Innenskelett (Endoskelett), sondern tragen ein starres, wasserfestes Außenskelett (Exoskelett) aus Chitin, das ihrem Körper Stabilität verleiht und ihn schützt. Das Exoskelett wird punktuell von Stigmen (Einzahl Stigma) durchbrochen, kleinen Atemöffnungen, durch die Sauerstoff ins Körperinnere gelangt. Über diese auf den ersten Blick einfache anatomische Gliederung hinaus zeigen Ameisen eine wundersame Fülle körperlicher Anpassungen. Diese Spezialisierung von Form und Funktion hat Ameisen geholfen, praktisch jedes terrestrische Habitat auf der Erde erfolgreich zu besiedeln.

KÖRPERBAUPLAN

Insekten weisen drei Körperabschnitte auf: Kopf (Caput), Brustteil (Thorax) und Hinterleib (Abdomen), doch bei Ameisen werden die Körperabschnitte anders bezeichnet: Kopf, Mesosoma und Gaster. Das Mesosoma ist der mittlere Körperabschnitt, gebildet durch eine Verschmelzung des ersten Abdominalsegments (Propodeum) mit dem Thorax. Die nächsten ein oder zwei Abdominalsegmente sind so stark zurückgebildet, dass sie kleine Knoten bilden. Die Segmente, die eine auffällige Taille bilden, werden als Petiolus (Stielchenglied) und (falls vorhanden) Postpetiolus bezeichnet und sind ein Definitionsmerkmal von Ameisen. Diese Taillensegmente sind nützlich, wenn es darum geht, Fehlbestimmungen zu vermeiden und Ameisen nicht mit kleinen Wespen oder mit Ameisenwespen (Mutillidae) zu verwechseln, die keine Ameisen, sondern Wespen sind. Der erste Schritt, um die Unterfamilie zu identifizieren, zu der eine Ameisen gehört, besteht darin, die Taillensegmente zu zählen. Unterfamilien wie die Dolichoderinae, Formicinae und Ponerinae haben ein einziges Taillensegment, die Myrmicinae und Pseudomyrmecinae hingegen zwei. Auf den Petiolusknoten folgt die Gaster, die aus den verbleibenden Abdominalsegmenten besteht.

MESOSOMA

Die Größe des Mesosomas in Relation zum übrigen Körper ist ein guter Indikator dafür, ob eine Ameise in irgendeinem Stadium ihres Lebenszyklus Flügel hat und fliegt. Bei Männchen und bei den reproduktiven Weibchen, den Königinnen, ist der Thorax vergrößert, um der Flugmuskulatur Platz zu bieten. Flugfähige Ameisen haben stets zwei häutige Flügelpaare. Bei flügellosen Ameisen kann es sich um Königinnen handeln, die ihre Flügel nach Gebrauch verloren haben (dealat), oder um Arbeiterinnen, die niemals Flügel besessen haben. In der Regel lassen sich beide recht gut auseinanderhalten, weil dealate Königinnen größer sind als Arbeiterinnen und dort, wo ursprünglich die Flügel saßen, Narben aufweisen, wo die Flügel abgebissen oder abstreift wurden.

GASTER

Was Organsysteme angeht, so verlaufen das vom Gehirn ausgehende Nervensystem zusammen mit dem Gefäßsystem bauchseits längs durch Mesosoma und Gaster. In der Gaster befinden sich die Verdauungs- und Fortpflanzungsorgane der Ameisen. Ameisen haben zwei Mägen, einen zur Verdauung und einen zweiten, den sozialen Magen, um Nahrung mit der Kolonie zu teilen. An der Spitze der Gaster lassen sich von außen Verteidigungsstrukturen erkennen. Je nach Unterfamilie können die Ameisen einen Stachel tragen, eine Ameisensäure versprühende, von einem Haarkranz umgebene Öffnung aufweisen, Acipoporus genannt, oder einen einfachen Schlitz besitzen. Ein nur bei Ameisen zu findendes Merkmal ist die Metathorakaldrüse (Metapleuraldrüse), auch wenn sie in einigen Unterfamilien sekundär wieder verloren gegangen ist. Diese schlitzförmige oder runde Öffnung im Exoskelett ist eine sekretorische Drüse an der Basis des Propodeums. Ihre Funktion ist noch nicht völlig geklärt. Sie könnte der Dufterkennung oder der territorialen Markierung dienen, höchstwahrscheinlich wird sie aber zu sanitären Zwecken wie zum Schutz vor Infektionen und zur chemischen Verteidigung eingesetzt.

Auf sämtliche in dieser Übersicht erwähnten Strukturen wird in den folgenden Abschnitten näher eingegangen. Die verschiedenen Unterfamilien werden genauer in Kapitel 2 abgehandelt.

ANATOMIE EINER AMEISE

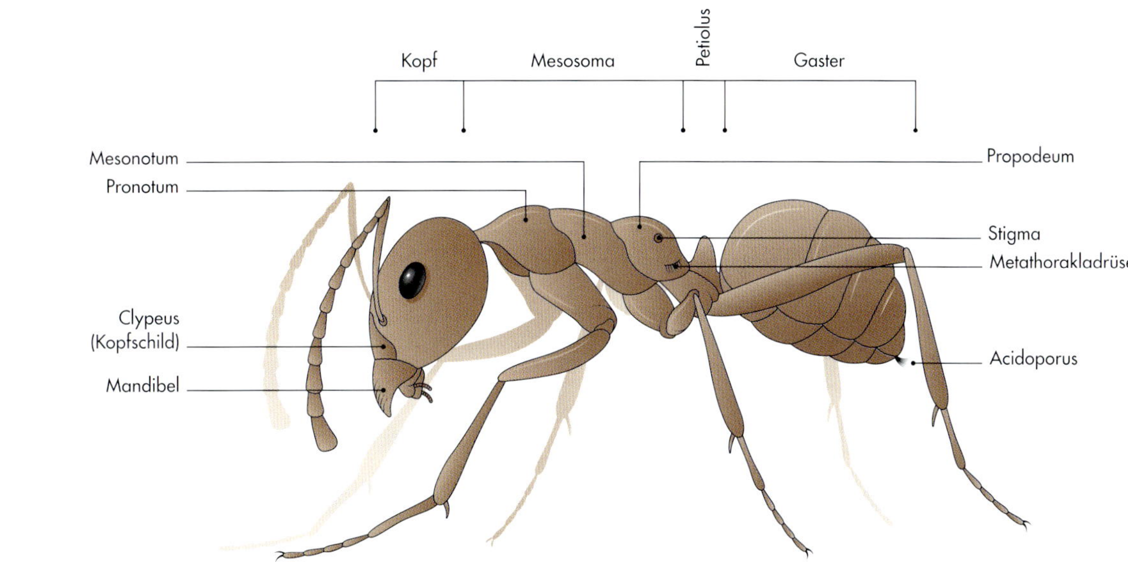

OBEN: Wie hier gezeigt, ist ein einzelnes Taillensegment, der Petiolus, typisch für die Unterfamilie Dolichoderinae (Drüsenameisen), Formicinae (Schuppenameisen) und Ponerinae (Urameisen). Ein weiteres kennzeichnendes Merkmal ist die Präsenz einer Metathorakaldrüse, eine Struktur, die man nur bei Ameisen findet.

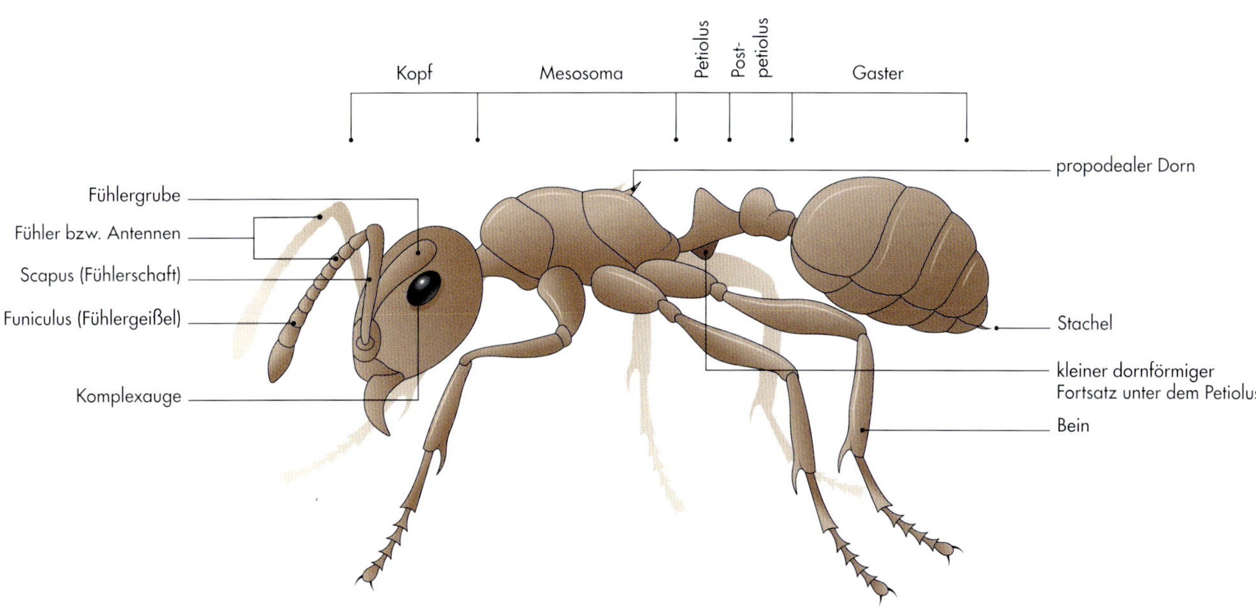

OBEN: Das Vorhandensein einer Fühler- oder Antennengrube (Scrobus) erlaubt einer Ameise, ihre Antennen eng an den Kopf anzulegen. Die zweigliedrige Taille, die aus zwei Stielchengliedern, Petiolus und Postpetiolus, besteht, zeigt, dass die Ameise zu Unterfamilien wie den Myrmicinae (Knotenameisen) und Pseudomyrmecinae gehört.

FORM UND FUNKTION

Vermutlich haben sich viele äußere Aspekte, die Ameisen zeigen, im Lauf der Evolution entwickelt, um spezifische Anforderungen zu erfüllen, die ihre Lebensweise mit sich bringt, auch wenn nicht immer untersucht ist, in welchem Maße dies für alles Aspekte ihrer Anatomie zutrifft. Anpassungen können aufgrund des Lebensraums, des Nahrungsangebots oder des Drucks durch Prädatoren entstanden sein. Ameisen, die auf dem Boden nach Nahrung suchen, haben häufig lange Beine und große Augen, da sie sich rasch bewegen müssen, um in offenem Gelände Prädatoren auszuweichen oder um die ersten an einer Nahrungsquelle zu sein. Ameisen, die in der Laubstreu auf Nahrungssuche gehen und dort auch ihr Nest bauen, haben hingegen kürzere Beine und Antennen und zudem kleinere Augen. Das ist in der lichtarmen Umgebung der Laubstreu sinnvoll, denn wenn man sich durch enge Lücken bewegt, ist ein kompakter Körperbau von Vorteil. Aufgrund der einzigartigen Kombination von Körpermaßen können Fachleute voraussagen, wo eine Ameisenart ihr Nest baut, wo sie nach Nahrung sucht, und sogar, wie sie sich ernährt. Räuberisch lebende (carnivore) Ameisen haben längere, flachere Mandibeln, während Allesfresser (Omnivoren) kürzere, gebogene Mandibeln aufweisen.

Größe und Form allein sind nicht die einzigen Merkmale, in denen Ameisen sich unterscheiden. Wenn man sie unter dem Mikroskop betrachtet, vergeht der Eindruck, es handele sich um einheitliche rote oder schwarze Punkte, recht schnell. Auch wenn die Färbung von Ameisen nicht an die Farbenpracht von Schmetterlingsflügeln heranreicht, findet man bei ihnen ein breites Spektrum von Schwarz-, Braun-, Rot-, Orange- und Gelbtönen.

Australien ist die Heimat von Ameisen mit einer noch breiteren Farbpalette. Die Schuppenameise *Rhytidoponera metallica* wird im Englischen wegen ihres blaugrün metallischen Schimmers *Green Headed Ant* (Grünköpfige Ameise) genannt, während Ameisen der Gattung *Iridomyrmex,* was so viel wie „Regenbogenameise" bedeutet, oft blau, grün oder purpurfarben schillern. Die in Zentral- und Südamerika heimische Rossameise *Campanotus sericeiventris* ist mit einer dünnen Schicht feiner goldener Haare bedeckt und sieht wirklich spektakulär aus.

Die dicke Kutikula, die das Exoskelett von Ameisen bildet, kann stark gemustert und behaart sein. Tatsächlich erfordert allein die Terminologie zur Beschreibung der „Skulpturierung" – die Einbuchtungen und Erhebungen (Leisten) auf der Kutikula – einen 31 Seiten starken Leitfaden. Es gibt Ameisen mit nicht skulpturierter, glatter oder glänzender unmarkierter Oberfläche, solche mit oberflächlichen Runzeln und schließlich solche mit tiefen Riefen und dichter Punktierung. Die Körperoberfläche mancher Ameisen weist neben einer Skulpturierung eine dichte Körperbehaarung mit steifen Borsten oder Setae („Pilosität") auf; dazu kommt eine feinere dünnere Behaarung (Flaum, Pubeszenz). Die Haare von Ameisen können ganz verschieden geformt sein, beispielsweise keulenförmig (clavat), eiförmig (ovat), nierenförmig (reniform) und spatelförmig (spatulat). Spezialisierte Haa-

UNTEN: Die zu den Drüsenameisen zählende *Iridomyrmex purpureus* hat einen orangeroten Kopf und ein ebensolches Mesosoma; ihre etwas dunklere Gaster schillert stark.

UNTEN: Die Knotenameise *Calyptomyrmex piripilis* ist in der afrotropischen Region vom Sudan bis nach Südafrika verbreitet. Sie hat kleine Augen und charakteristische schuppenartige Haare unbekannter Funktion.

re können Ameisen helfen, sich gegen Prädatoren zu verteidigen, während gewisse Skulpturierungsmuster die Kutikula verstärken, eine andere Verteidigungsstrategie. Stark behaart zu sein und eine dickere Kutikula zu haben, kann zudem helfen, Wasserverlust und damit Austrocknung vorzubeugen. Wahrscheinlich tragen diese Eigenschaften auch zur Thermoregulation bei, da Dicke und Reflexionsvermögen der Haare helfen können, die Körpertemperatur zu kontrollieren und vor UV-Strahlung zu schützen.

LINKS: Die in Australien weit verbreitete Gattung *Rhytidoponera* zeigt eine Reihe metallischer Farben von Grün und Blau bis Purpur.

UNTEN LINKS: Die baumlebenden *Cataulacus*-Ameisen haben ein dickes, stark skulpturiertes Exoskelett, oft mit schützenden Zähnen und Dornen auf Thorax und Propodeum.

UNTEN: Die Gaster der in neotropischen Regenwäldern heimischen Rossameise *Campanotus sericeiventris* ist mit langen dichten goldenen (manchmal auch silbernen) Haaren bedeckt.

ANGRIFF UND VERTEIDIGUNG

Ameisen sind bei Gärtnern und Menschen, die viel Zeit im Freien verbringen, für ihre Fähigkeit berüchtigt, in einem unerwarteten Moment zu beißen oder zu stechen. Sie verfügen über ein breites Spektrum physikalischer und chemischer Verteidigungswaffen. Ameisen benutzen Haare, Dornen und Zähne zum Angriff und zur Verteidigung, doch ihre tödlichste Waffe sitzt an ihrem spitz zulaufenden Körperende. Die Unterfamilie Formicinae weist einen Acidoporus auf, eine kegelförmige, von einem Haarkranz umgebene Struktur, die Ameisensäure auf potenzielle Angreifer spritzt. Im Gegensatz dazu haben die Mitglieder der Unterfamilie Dolichoderinae eine schlitzförmige Öffnung ohne Haare oder Stachel. Andere wichtige Unterfamilien besitzen einen Giftstachel, um Beute zu überwältigen oder um sich zu verteidigen. Eine Drüse im Körper erzeugt entweder Ameisensäure (bei den Formicinae) oder Gift.

Ameisen tragen auf dem Rücken Dornen, Auswüchse der kutikulären Körperoberfläche. Gewöhnlich gehen diese vom Pronotum, Propodeum oder vom Petiolus aus. Diese Dornen reichen, was Länge und Krümmung angeht, von kleinen Beulen bis zu raffinierten, verzweigten Strukturen. Diese eindrucksvolle Bedornung von Ameisen ist nur bei wenigen Arten genauer untersucht worden. Im Gegensatz zu anderen kunstvollen Strukturen, wie den geweihartigen Mandibeln von Hirschkäfern, sind die Dornen kein Produkt der sexuellen Selektion bei Männchen, sondern sind bei den Arbeiterinnen am stärksten ausgeprägt. Anders als ihre nahen Verwandten, Bienen und Wespen, können Ameisenarbeiterinnen nicht davonfliegen. Vermutlich erschweren diese Dornen räuberischen Wirbeltieren, Ameisen zu fangen und zu fressen, wie auch anderen Wirbellosen, sie zu attackieren. Dornen haben

UNTEN LINKS: Diese *Polyrhachis*-Art weist zur Verteidigung auf Pronotum, Propodeum und Petiolus drei separate Dornenpaare auf.

UNTEN: Die Knotenameise *Acanthognathus ocellatus* ist eine neotropische Ameise mit einem Schnappkiefer; sie nutzt ihre sich blitzschnell schließenden Mandibeln, um Springschwänze und andere kleine Gliederfüßer (Arthropoden) in der Laubstreu zu fangen.

sich im Lauf der Ameisenevolution wiederholt bei verschiedenen, nicht näher verwandten Arten entwickelt: Man findet sie bei wenigstens 79 von 346 Gattungen, am häufigsten in der besonders artenreichen Unterfamilie Myrmicinae.

Kiefer oder Mandibeln sind zur Nahrungsaufnahme – und bei räuberischen Arten vor allem zur Jagd – stark abgewandelt. Mandibeln werden direkt zum Angriff benutzt, dienen aber auch dazu, die Beute festzuhalten, um sie zu stechen oder anderen Arbeitern die Möglichkeit zu geben, das unglückliche Opfer zu zerlegen. Ameisen mit Schnappkiefern haben hoch spezialisierte Mandibeln, die offen gehalten werden und sensorische Triggerhaare besitzen, die bei Aktivierung dafür sorgen, dass sich die Kiefer blitzschnell und mit extremer Kraft schließen. Diese Kiefer werden vorwiegend zur Jagd eingesetzt, können aber auch zur Verteidigung dienen, um Fressfeinden zu entkommen. Solche Schnappkiefer haben sich mehrfach in verschiedenen Unterfamilien entwickelt, beispielsweise innerhalb der Formicinae bei *Myrmoteras,* in der Unterfamilie Myrmicinae bei *Daceton* und *Strumigenys,* und in der Unterfamilie Ponerinae bei *Anochetus* und *Odontomachus.*

Manche Arten verfügen über verschiedene Arbeiterkasten; eine dieser Kasten hat eine spezielle Rolle bei der Verteidigung. Diese häufig als „Soldaten" oder „Soldatinnen" bezeichneten Ameisen sind größer als andere Arbeiterinnen in der Kolonie. Eine andere physische Verteidigungsstrategie ist die sogenannte Phragmosis. Phragmotische Arten haben einen „abgestutzten" Körperteil, der dazu dient, den Nesteingang zu blockieren. Am häufigsten findet man abgestutzte Kopfformen bei Gattungen wie *Colobopsis, Cephalotes* und *Pheidole. Cephalotes*-Arten haben einen schildförmigen Kopf, mit dem sie den Nesteingang verschließen können, ohne ihre Augen oder Antennen zu exponieren. Bei *Cephalotes varians* passt der Kopf wie ein Stöpsel genau in den Nesteingang, und die „Türschließer"-Ameise kann anderen Arbeiterinnen gestatten, das Nest zu betreten und zu verlassen, während sie gleichzeitig jedem potenziellen Eindringling den Zugang verwehrt.

UNTEN: Major-Arbeiterinnen von *Colobopsis etiolata* haben einen abrupt gestutzten phragmotischen Kopf. Damit blockieren sie in toten Ästen oder Eichengallen das Eingangsloch zum Nest.

UNTEN RECHTS: Zu den Defensivstrukturen gehören Stachel, Acidoporus und eine schlitzförmige Öffnung, aus der chemische Substanzen austreten und verschmiert werden.

DEFENSIVSTRUKTUREN BEI AMEISEN

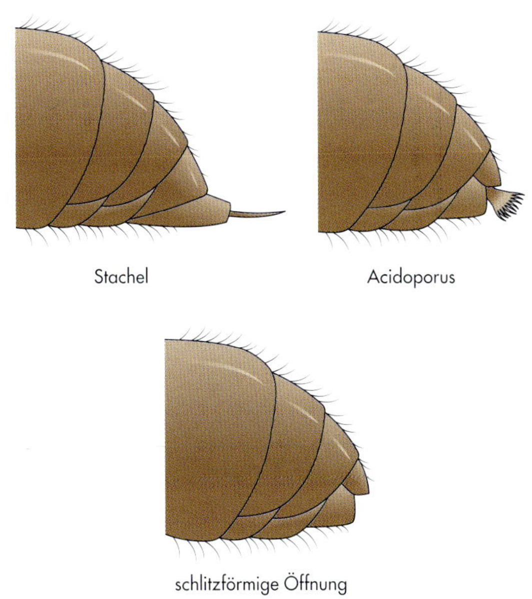

SINNESORGANE

AUGEN

Ameisen besitzen zwei Komplexaugen, die aus zahlreichen Facetten oder Ommatidien bestehen (daher auch Facettenaugen genannt). Bei vielen unterirdisch lebenden Arten sind die Augen völlig verloren gegangen oder zurückgebildet, während eine ganze Reihe räuberischer Arten, die auf Jagd gehen, außerordentlich große Augen besitzt. Je mehr Ommatidien, desto besser die räumliche Auflösung, über die eine Ameise verfügt. Bei Ameisenarten mit großen Augen kann die Ommatidienzahl 4100 *(Gigantiops)* bzw. 3200 *(Myrmecia)* erreichen. Zusätzlich tragen viele Arten Punktaugen (Ocelli oder Ocellen) auf der Stirn. Das sind lichtempfindliche Punktaugen, die wahrscheinlich zur Navigation beitragen. Solche Ocellen findet man häufiger bei Königinnen und Männchen, während sie bei Arbeiterinnen gewöhnlich fehlen. Ameisen sind keine sich primär visuell orientierenden Insekten, und im Ameisengehirn sind die optischen Loben viel kleiner als bei ihren nahen Verwandten, den Bienen und Wespen. Das liegt möglicherweise daran, dass die meisten Ameisen nicht fliegen und diejenigen, die es doch tun, nur einen kleinen Teil ihres Lebens im Flug verbringen. Ameisen stützen sich seltener auf visuelle sensorische Hinweise und sind stärker von anderen Sinnesorganen abhängig, die auf chemische Reize reagieren. Sie können UV-Licht wahrnehmen und Farben sehen, auch wenn sich dies wahrscheinlich auf wenige Farben beschränkt. Ameisen verarbeiten darüber hinaus Informationen über Bewegung, Muster, Richtungen (Sonnenstand, Polarisationsmuster des Himmelslichts) und Landmarken.

FÜHLER

Während die Abhängigkeit von visuellen Hinweisen je nach Ameisenart unterschiedlich ist, sind alle Arten stark auf chemische Kommunikation angewiesen und benutzen ihre Fühler oder Antennen als wichtigste Sinnesorgane. Die Fühler sind gewöhnlich gekniet und bestehen aus 4 bis 12 einzelnen kürzeren Segmenten. Ihre Basis wird von einem einzelnen, langen Segment gebildet, dem Scapus (Fühlerschaft). Darauf folgt der Funiculus (Fühlergeißel), der sich aus vielen kürzeren Segmenten zusammensetzt. Die Abschnitte im Funiculus können gleich groß sein oder allmählich an Breite zunehmen. Gelegentlich bilden einige der Endabschnitte eine Keule. Scapus und Funiculus formen ein Scharniergelenk; sie sind gekniet, ein Merkmal, das man nur bei Ameisen findet. Die Antennen sitzen in einer Pfanne vorn am Kopf. Einige Ameisenarten haben an beiden Seiten des Kopfes Fühlergruben, in die die Fühler gelegt werden können.

Die Fühler werden von Muskeln bewegt, die im Kopf wie auch in der Fühlerbasis liegen. Diese Muskeln werden vom dorsalen Lobus des Gehirns kontrolliert, der mechanosensorische Informationen (Input) von den Fühlern erhält. Olfaktorische Rezeptorneurone in den Fühlern stehen mit dem Fühlerlobus in Verbindung. Im Vergleich zu anderen Insekten weisen Ameisen große Fühlerloben auf, da sie sich stärker auf Geruchs- als auf visuelle Informationen verlassen und Pheromone zur Kommunikation einsetzen. Fühlerloben können gewöhnliche Gerüche ebenso gut wie Pheromone verarbeiten.

LINKS: Was die Anzahl der Ommatidien angeht, hat *Gigantiops destructor* die größten Augen im Ameisenreich. Mit ihrer Hilfe lokalisiert die Art Beute, wenn sie in südamerikanischen Wäldern auf Jagd geht.

MUNDWERKZEUGE

Ameisen haben kauend-beißende Mundwerkzeuge, oft mit speziell geformten und gut entwickelten Mandibeln. Die Mundwerkzeuge von Ameisen bestehen aus einer Oberlippe (Labrum) und einer Unterlippe (Labium); zudem weisen sie ein Paar Mandibeln und Maxillen auf. Die Maxillen und das Labium tragen sensorische Taster (Palpen), die Nahrung beim Verzehr auf Textur und Geruch prüfen. Die Mandibeln sind in der Regel dreieckig, mit einer glatten Außenkante und einem gezähnten Innenrand, der zum Kauen dient. Im Lauf der Evolution haben die Mandibeln von Ameisen jedoch ein breites Spektrum von Größen und Formen entwickelt, von zahnlosen bis zu doppelt gegabelten Zähnen auf der Kauleiste bis zu Mandibeln, die lang oder kurz, gerade oder gebogen sind.

Ameisen setzen ihre Mandibeln für eine ganze Reihe von Aufgaben ein, beispielsweise zum Fressen, zum Angriff oder zur Verteidigung wie auch zum Handhaben und Manipulieren von Objekten. Mandibeln dienen vom Ausheben von Material bis zum Bauen von Nestern. Das Trageverhalten von Ameisen erfordert eine spezialisierte skeletomuskuläre Modifikation der Kopf- und Halsmuskulatur. Von manchen Ameisen ist bekannt, dass sie Beute tragen, die 30 bis 90 Prozent des Gewichts der Trägerin wiegt, und dass sie beim Transport fein kontrollierte Kopfbewegungen machen können. Neben Nahrungsobjekten transportieren Ameisen auch Flüssigkeitstropfen zwischen ihren Kiefern. Arbeiterinnen tragen Brut (Eier, Larven, Puppen) im Nest herum oder auch in ein neues Nest. Um die weichen Körper der frühen Lebensstadien der Kolonie nicht zu verletzen, sind viel Umsicht und „Fingerspitzengefühl“ in den Mandibeln erforderlich. Und schließlich kommt es sogar vor, dass Ameisen ihre Nestgenossinnen tragen.

OBEN LINKS: Die über den Augen liegenden Fühlergruben von *Mycetomoellerius tucumanus* sind als tiefe Furchen oben auf dem Kopf zu erkennen.

OBEN: Die Schnappkiefer von *Myrmoteras iriodum* haben 12 Zähne und sind gewöhnlich in einem 280°-Winkel geöffnet. Ihre Kiefer und ihre großen Komplexaugen machen diese Ameisen zu effizienten Jägern kleiner Beutetiere.

ODONTOMACHUS
Schnappkieferameisen

UNTERFAMILIE:	Ponerinae
ARTENZAHL:	73 Arten
VERBREITUNG:	tropische und subtropische Regionen mit der höchsten Vielfalt in der Neotropis und Asien
LEBENSRAUM:	gewöhnlich Wälder, manchmal auch Buschland, Ästuarien (Brackwasserzonen an der Mündung größerer Flüsse ins Meer)
NEST:	Erde oder vermoderndes Holz, verlassene Termitennester oder Bäume
ERNÄHRUNG:	carnivor (unspezialisierte Prädatoren), einige omnivor

BESTENS AUSGESTATTET
Neben ihren äußerst kräftigen Kiefern setzen *Odontomachus*-Arten auf der Jagd auch ihre großen Augen und ihren wohlentwickelten Stachel ein.

Odontomachus-Arten sind Allesfresser (Omnivoren) und unspezialisierte Prädatoren, die sich von Wirbellosen (vor allem Termiten), Honigtau, Nektar, Früchten und Samen ernähren. Ihr auffälligstes Merkmal sind ihre langen, geraden Mandibeln, die oft in einem Winkel von 180° geöffnet sind. Sie gehören zu einer umfangreicheren Gruppe von Schnappkieferameisen mit sich sehr rasch schließenden Mandibeln, deren Zuschnappen durch Triggerhaare ausgelöst wird.

DIE SCHNELLSTEN MANDIBELN IM GANZEN TIERREICH

Die Mandibel einer Ameise ist mit einem Scharniergelenk am Kopf befestigt, das durch zwei Muskeln betätigt wird, einen Öffner und einen Schließer. Dieser Schließer ist der größte Muskel, über den Ameisenarbeiterinnen verfügen. Schnappkieferameisen haben diese Anordnung durch einen Schnappverschluss-, Feder- und Triggermechanismus modifiziert. Wird der Triggermuskel aktiviert, schließen sich die Mandibeln auf der Stelle. Bei *O. bauri* können sich die Mandibeln mit einer Geschwindigkeit von 64 m/s oder 230 km/h schließen, eine der höchsten Bewegungsgeschwindigkeiten, die jemals im Tierreich gemessen wurde.

Der Schnappkiefermechanismus wird auf der Jagd und zur Verteidigung eingesetzt. Die Ameisen lokalisieren ihre Beute visuell, bis sie nahe genug herangekommen sind, und verwenden ihre Schnappkiefer dann zum Angriff. Dabei kann das Opfer mehrmals mit den Mandibeln attackiert werden, um es zu zerkleinern. „Türsteher"-Ameisen am Nesteingang lassen ihre Kiefer zuschnappen, um Eindringlinge wegzustoßen, und setzen dabei eine Kraft frei, die um 300 Mal größer ist als ihre Körpergewichtskraft. Um Fressfeinden zu entkommen, können sie die durch das Schließen der Mandibel freigesetzte Rückstoßkraft auch benutzen, um sich rückwärts in Sicherheit zu katapultieren.

GIGANTIOPS

Gigantiops destructor ist sofort an ihren enorm großen Augen zu erkennen, doch die Tiere überhaupt zu entdecken, kann schwierig sein. Diese scheuen Ameisen können Menschen aus mehreren Fuß Entfernung identifizieren und verstecken sich dann zügig. Ihre Kolonien zählen mehrere Hundert Mitglieder, doch die Arbeiterinnen gehen allein auf Nahrungssuche, sammeln extrafloralen Nektar von Pflanzen und jagen verschiedene Arthropoden (vor allem Termiten). Sie nisten in Hohlräumen umgestürzter *Cecropia*-Bäume, in der Erde, unter Holzstämmen und Steinen oder in Wurzelhöhlen.

DEN WEG IM WALD FINDEN

Nur eine von drei *Gigantiops*-Arbeiterinnen in einer Kolonie von hundert Tieren geht auf Nahrungssuche. Arbeiterinnen sammeln Nahrung zwischen ihren Mandibeln und können auf einem einzigen Trip acht kleine Termiten überwältigen. Die Beute wird von hinten visuell verfolgt und angesprungen, das gilt selbst für fliegende Insekten. Die Arbeiterinnen in einer Kolonie streiten sich ums Futter und schnappen einer Nestgenossin manchmal eine gefangene Beute aus den Mandibeln, ein Verhalten, das man als Kleptobiose bezeichnet.

Gigantiops-Arbeiterinnen kehren bis zu fünf Wochen lang zum selben Futterplatz zurück und benutzen dabei eine etablierte Route zwischen Nest und Futterquelle. Im komplexen Umfeld des Regenwalds können sie Navigationsmethoden, die von anderen Arten gewöhnlich eingesetzt werden, wie chemische Wegmarkierungen, Horizontpanorama oder Orientierung im Kronendach, nicht verwenden. Stattdessen navigieren sie nach bekannten Landmarken und stützen sich dabei vor allem auf die erste Landmarke in der Nähe des Nests, um ihre Richtung zu bestimmen, und auf die finalen Landmarken, um sicher zu sein, die richtige Futterstelle gefunden zu haben.

UNTERFAMILIE:	Formicinae
ARTENZAHL:	monotypisch (1 Art)
VERBREITUNG:	Länder des nördlichen Südamerikas
LEBENSRAUM:	Wälder und Savannen, gewöhnlich Regenwald
NEST:	bodennistend, in Hohlräumen nistend
ERNÄHRUNG:	omnivor

EINSAME WILDBEUTERINNEN
Obwohl sie einzeln auf Nahrungssuche gehen, nisten *Gigantiops-destructor*-Ameisen am Rand von Regenwäldern in Kolonien mit vielen Hundert Arbeiterinnen.

POLYRHACHIS

UNTERFAMILIE:	Formicinae
ARTENZAHL:	viertgrößte Ameisengattung mit mehr als 700 Arten. Höchste Vielfalt in Südostasien.
VERBREITUNG:	Tropen und Subtropen von Afrika, Asien, Australien und Pazifikinseln
LEBENSRAUM:	Wälder, Waldgebiete, Savanne
NEST:	am Boden, in der Laubstreu und auf Bäumen, auch in Kartonnestern oder Blattstrukturen, die mit Larvenseide miteinander verwoben werden
ERNÄHRUNG:	generell omnivor, darunter Aas von Insekten, Symbiose mit Blattläusen, zudem saugen sie Exkrete aus Pflanzenwunden

Als eine der vielfältigsten und auffälligsten Gattungen in den Tropen zeigen diese Ameisen eine erstaunliche Variationsbreite, was morphologische Merkmale und ökologisches Verhalten angeht. Die meisten Arten weisen eine unterschiedliche Anzahl von Dornen auf dem Rücken auf, die sich aus spitzen Kutikulaauswüchsen bilden. Größe und Form dieser Dornen, die wahrscheinlich zur Verteidigung gegen räuberische Wirbeltiere dienen, reichen von winzigen Nadeln bis zu riesigen, wie Angelhaken gebogenen Fortsätzen. Der Körper vieler Arten ist von kurzen goldenen, silbernen oder weißen Haaren (Flaum, Pubeszenz) bedeckt, möglicherweise eine Warnung an Prädatoren vor ihrer Bedornung.

NATÜRLICHER ERFINDER

Zwar sind diese Ameisen am besten für ihre Dornen bekannt, doch sie haben eine Reihe von interessanten Reaktionen auf natürliche Herausforderungen entwickelt. Einige baumlebende Arten haben direktere Verteidigungsstrategien ganz aufgegeben, ihre Dornen verloren und verlassen sich stattdessen auf eine unerwartete Verhaltensstrategie: Sie lassen sich einfach vom Blatt auf den Boden fallen. Diese und die meisten anderen arborealen Arten benutzen die Seide von Larvenstadien, um Blätter und andere Materialien miteinander zu verweben und in Bäumen Nester anzulegen – einige Arten stehlen zu diesem Zweck sogar Spinnenseide. Wenn Überflutungen drohen, kann sich die in Mangrovenwäldern heimische *P. sokolova* schwimmend, im Hundestil paddelnd, über Wasser halten. Steigt die Flut und das unterirdische Nest wird überschwemmt, bringen Arbeiterinnen die Königin und die Brut in spezielle Kammern mit Lufttaschen, sodass die Kolonie überleben kann, bis das Wasser zurückgeht.

FEINE GOLDENE HAARE
Dieser unverwechselbare goldene Flaum (Pubeszenz) und die hakenförmigen Dornen gehören zu *Polyrhachis ypsilon*, einer Ameisenart, die in Brunei, Indonesien, Thailand und Malaysia heimisch ist.

CARABARA

Carebara sind bodennistende Ameisen, die man in vielen tropischen und subtropischen Habitaten findet. Es handelt sich um eine artenreiche Gattung, bei der die Größe der Arbeiterinnen stark davon abhängt, welche Rolle sie in der Kolonie spielt. So können *Carebara*-Arbeiterinnen von 1 mm bei der neotropischen Art *C. minuta* bis zu 16 mm bei der orientalischen Art *C. diversus* messen. Auch zwischen verschiedenen Arbeiterkasten ist der Größenunterschied enorm – eine große Major-Arbeiterin kann bis zu 500 Mal mehr als eine deutlich kleinere Minor-Arbeiterin wiegen.

MAJOR ODER MINOR?

Arbeitsteilung ist mit Größe und Alter korreliert. Major-Individuen machen 10 Prozent der Arbeiterinnen in der Kolonie aus. Sie helfen beim Zerlegen und beim Transport größerer Beute und bei der Verteidigung der Kolonie. Eine spezielle Unterkaste der Major-Arbeiterinnen ist phragmotisch – ihre Köpfe sind wie Schilde geformt und dienen dazu, den Eingang gegen Eindringlinge zu verschließen. Junge Minor-Arbeiterinnen transportieren Larven, übernehmen aber mit zunehmendem Alter andere Aufgaben.

Ob Arbeiterinnen in der Größe variieren, hängt von der einzelnen Art ab. Bei einigen Arten sind alle Individuen gleich groß (monomorph), bei anderen existieren hingen zwei Gruppen, die sich deutlich in ihrer Größe unterscheiden (dimorph). Manchmal steigt die Größe allmählich an oder man findet Größenvariationen bei mehr als zwei Gruppen (polymorph). Bei Major-Arbeiterinnen gibt es häufig mehrere Größen; sie zeigen Unterschiede in Kopfgröße, Anzahl der Ocellen und Größe der Augen. Manche Arten, wie die madagassiche *C. jajoby* und *C. nosindambo,* haben vier unterschiedlich große Major-Arbeiterinnen.

UNTERFAMILIE:	Myrmicinae
ARTENZAHL:	223 Arten
VERBREITUNG:	weltweit verbreitet, konzentriert auf Tropen und Subtropen
LEBENSRAUM:	zahlreiche Habitattypen, oft in Wäldern
NEST:	bodennistend, in vermodernden Baumstämmen, Laubstreu, unter Steinen
ERNÄHRUNG:	carnivor (spezialisierte Prädatoren, erbeuten u. a. Milben, Springschwänze und Arthropodeneier)

VON EINEM EXTREM INS ANDERE
Minor-Arbeiterinnen von *Carebara* erscheinen neben einer einzelnen Major-Arbeiterin, die sie um ein Vielfaches überragt, wie Zwerge.

HARPEGNATHOS

Diese Ameisen jagen sich schnell bewegende oder springende Beute, darunter Grillen, Schaben, Zikaden, Fliegen und Spinnen. Sie sind bis zu 2 cm lang und besitzen große, nach vorn weisende Augen, lange Beine und sensenförmige Kiefer mit mehr als 50 scharfen Zähnen. Diese solitären Dämmerungsjäger verlassen sich dabei auf ihren ausgezeichneten Sehsinn, denn sie haben die größte Anzahl an Ommatidien aller Ameisen. Ihre wie Zangen ausgebildeten Mandibeln werden von schnellen Muskelfasern bewegt, die sicherstellen, dass sie sich rasch um ein Beutetier schließen. Ist die Beute erst einmal fest gepackt, kann sie mit einem kraftvollen Stich überwältigt werden, der für eine dauerhafte Lähmung sorgt.

HERUMSPRINGEN

Harpegnathos-Arten sind wohlbekannt für ihr Sprungvermögen. Während Schnappkieferameisen ihre großen Mandibeln benutzen, um sich in die Luft zu katapultieren, verdanken *Harpegnathos*-Arten ihre Sprungkraft ihren langen Beinen. Springen kann Teil der normalen Fortbewegung sein, doch wenn sich die Ameisen bedroht fühlen, machen sie einen Fluchtsprung von bis zu 21 cm, und dies manchmal wiederholt, bis sie in Sicherheit sind. Kürzere Sprünge werden bei der Jagd auf schnelle Beute eingesetzt, manchmal auch, um Fluginsekten aus der Luft zu fangen. Ein viertes Sprungverhalten ist das sogenannte Gruppenspringen: Eine Ameise springt ohne erkennbaren Grund in scheinbar zufälliger Weise herum, und nach ein paar Minuten schließen andere Arbeiterinnen sich ihr an. Niemand weiß, warum sie dieses kollektive Verhalten zeigen, doch es könnte dazu dienen, Beute aus ihrem Versteck zu treiben oder Attacken von Parasitoiden abzuwehren.

UNTERFAMILIE:	Ponerinae
ARTENZAHL:	9 Arten, 4 Unterarten
VERBREITUNG:	Indien bis Sri Lanka und Südostasien
LEBENSRAUM:	Wälder und Plantagen
NEST:	hypogäisch (unterirdisch). Bei einigen Arten komplexe Nestarchitektur.
ERNÄHRUNG:	carnivor (solitärer Prädator; jagt in der Laubstreu nach schneller Arthropodenbeute)

IM NEST
Harpegnathos saltator hält ihre für Überflutungen anfälligen Nester trocken, indem sie die Innenwände der Nestkammern mit Abfällen tapeziert, darunter alte Kokons, Insekten- und Pflanzenreste.

TATUIDRIS

UNTERFAMILIE:	Agroecomyrmecinae
ARTENZAHL:	monotypisch (1 Art)
VERBREITUNG:	Neotropis
LEBENSRAUM:	Wald
NEST:	bodennistend
ERNÄHRUNG:	unbekannt, vermutlich carnivor (räuberisch)

Das rundliche Aussehen von *Tatuidris tatusia* erklärt, warum sie im Englischen als *Armadillo Ant* („Gürteltier-Ameise“) bezeichnet wird. Sie ist nicht nur die einzige Art in der Gattung *Tatuidris,* sondern auch eine der nur zwei Arten in ihrer ganzen Unterfamilie, den Agroecomyrmecinae. Die Art ist in einer Reihe von Waldtypen heimisch. Auf der Basis der kleinen Anzahl hie und da gesammelter Individuen gilt die Art als selten, doch in prämontanen Wäldern in mittleren Höhenlagen ist sie lokal häufig.

WIE ERNÄHREN SICH DIESE AMEISEN?

Tatuidris-Ameisen werden gewöhnlich durch Sieben der Laubstreu und Absuchen der Vegetation gesammelt; das erste lebende Exemplar wurde 2011 gefunden. Sieben Individuen wurden in einem Bodenkern in Ecuador entdeckt und 19 Tage lang im Labor gehalten, um ihr Ernährungsverhalten zu untersuchen. In Gefangenschaft nahmen die Ameisen jedoch keine Nahrung zu sich, weder lebende noch tote Beute, Honig oder Zuckerwasser. Das könnte am Stress der Gefangennahme gelegen haben oder daran, dass sie nur fressen, nachdem sie aktiv eine Beute gejagt haben.

Da sich das Fressverhalten dieser Ameisen nicht direkt beobachten ließ, wandten sich Wissenschaftler:innen anderen Indizien zu, die Aufklärung über ihre Ernährung liefern können. Wie Isotopenanalysen ergaben, sind *Tatuidris*-Arten Prädatoren, die an der Spitze der Nahrungskette von Arthropoden stehen. Auf der Unterseite ihrer Mandibeln weist *Tatuidris* viele lange, steife Haare auf – eine Bürste. Sie trägt zudem steife Haare auf den Vorderbeinen, dazu einen großen Stachel und hat einen runden, glatten Körper. Aufgrund dieser Indizien nimmt die Forschung an, dass diese Ameisen spezialisierte Prädatoren von großen, schlüpfrigen Arthropoden sind.

BEHAARUNGSMUSTER
Zwar ist *Tatuidris tatusia* nur eine einzige Art, doch sie weist vier Morphen auf, die alle unterschiedliche Pilositätsmuster zeigen. Da die Art relativ selten ist, stammen die meisten verfügbaren Bilder von toten Individuen.

2 | EVOLUTION UND VIELFALT

DIE *BIG FIVE* DES AMEISENSTAMMBAUMS

MYRMICINAE (KNOTENAMEISEN)

Mit 7075 beschriebenen Arten, rund 50 Prozent der bekannten Artenzahl bei Ameisen, ist die Unterfamilie Myrmicinae unbestritten das Kraftzentrum der Familie Formicidae. Wie es zu einer solchen Hyperdiversität passt, zeigen die Arten eine so breite morphologische und ökologische Vielfalt, wie man sie quer über alle Ameisen finden kann. Zusammen mit den Agroecomyrmecinae, Pseudomyrmecinae und Dorylinae (eine weitere Unterfamilie der Großen Fünf) weisen die Arten in dieser Unterfamilie eine Unterteilung des petiolaren Abdominalsegments in einen Petiolus und einen Postpetiolus auf, was dem Hinterleib potenziell mehr Bewegungsfreiheit gibt. Die Ernährung von Myrmicinae-Arten reicht von carnivor bis zu herbivor und fungivor; sie umfasst lebende und tote Insekten, Pflanzensaft und andere Exsudate, Samen und verschiedene andere Nahrungsquellen. Entsprechend kann man verschiedene Arten in fast jedem Mikrohabitat finden, von dünnen Zweigen im Kronendach von Wäldern bis zu großen unterirdischen Hohlräumen (Kavernen). Einige der bekanntesten Ameisengattungen gehören zu dieser Unterfamilie: Feuerameisen, Blattschneiderameisen, *Cephalotes*-Arten (Schildkrötenameisen), *Tetramorium*-Arten (Rasenameisen), Ernteameisen, *Pheidole*-Arten und *Solenopsis*-Arten (Diebs- und Feuerameisen) sind alles Vertreter der Myrmicinae. Die mit Myrmicinae am nächsten verwandten Unterfamilien sind Ectatomminae und Formicinae.

UNTEN: Eine Arbeiterin der Ernteameise *Pogonomyrmex maricopa* kämpft im Südwesten der USA mit einem Trio von *Aphaenogaster*-Arbeiterinnen.

GEGENÜBER, OBEN: *Echinopla* ist eine Gattung der Formicinae. Zahlreiche aufrechtstehende Haare, die den Körper der Ameise bedecken, geben ihr das Aussehen eines Stachelschweins.

FORMICINAE (SCHUPPENAMEISEN)

Diese Unterfamilie ist vielleicht nicht so divers wie ihre Cousine Myrmicinae, doch mit respektablen 3244 beschriebenen Arten nichtsdestotrotz eindrucksvoll. Einige der häufigsten Formicinae sind auch einige der auffälligsten Erscheinungen aller Ameisen, darunter Ross- oder Holzameisen, Weberameisen und *Polyrhachis*-Arten. Die beiden größten Gattungen in dieser Unterfamilie (*Camponotus* und *Polyrhachis,* die zusammen 55 Prozent der Formicinae umfassen) besiedeln vorwiegend Bäume, und ihre Dominanz in dieser Nische könnte den evolutionären und ökologischen Erfolg dieser Gruppe teilweise erklären. Ein definierendes Merkmal dieser Ameisen ist der Acidoporus, eine kreisrunde Öffnung am Gasterende, die Ameisensäure (im Englischen *formic acid*) versprühen kann, anstelle eines Stachels (daher der Name Formicinae). Die mit den Formicinae am nächsten verwandten Unterfamilien sind Ectatomminae und Myrmicinae.

RECHTS: Stark gepanzerte *Polyrhachis-armata*-Ameisen bilden auf Nahrungssuche lange, auffällige Züge vom Boden bis hinauf in das Kronendach südostasiatischer Regenwälder.

LINKS: Diese auf einem kleinen Holzstück hockende *Hypoponera-distinguenda*-Arbeiterin aus Minas Gerais, Brasilien, ist nur rund 4 mm lang.

PONERINAE (URAMEISEN)

Mit 1267 Arten ist diese Unterfamilie eine von den beiden Unterfamilien der Großen Fünf, die vorwiegend räuberisch leben. Eine Ausnahme von dieser allgemeinen Regel macht vielleicht überraschend eine der größten Ameisen der Welt: *Dinoponera gigantea* ist omnivor. Mehrere Gattungen sind spezialisierte Prädatoren, die Beute wie Asseln, Termiten, Tausendfüßer und andere Ameisen erbeuten. Infolge dieses räuberischen Verhaltens setzen Arten dieser Unterfamilie in der Regel einen funktionstüchtigen Stachel ein, um ihre Beute zu überwältigen. Im Gegensatz zu Ameisen der Unterfamilien Myrmicinae und Formicinae suchen die meisten Vertreter der Ponerinae unterirdisch oder in der Laubstreu nach Nahrung. Ein definierendes morphologisches Merkmal dieser Unterfamilie ist eine Verengung der Gaster, die ihr ein etwas „eingeschnürtes" Aussehen verleiht. Während die bekanntesten Vertreter der Ponerinae sehr groß sind, sind manche Arten, einschließlich solcher in der diversen Gattung *Hypoponera,* recht klein und unauffällig. Die Unterfamilien Agroecomyrmecinae, Paraponerinae und Proceratiinae sind mit der Unterfamilie Ponerinae am nächsten verwandt.

DORYLINAE

Die Dorylinae, eine Unterfamilie mit 749 Arten, leben ausschließlich räuberisch als nomadische Wanderameisen. Die Kolonien mancher Arten sind mit nur einigen Dutzend Arbeiterinnen recht klein, während Kolonien von *Dorylus*-Ameisen Millionen Arbeiterinnen umfassen können. Einige große *Dorylinae*-Kolonien hinterlassen auf Nahrungssuche solche Spuren der Zerstörung, dass menschliche Beobachter die Ankunft ihrer Heereszüge anhand von Insekten und anderen Tieren vorhersagen können, die vor der sich nähernden Kolonne fliehen; die Wanderameisen verputzen längs ihres Weges einen Großteil der Insekten, ob lebendig oder tot, und sogar kleinere Eidechsen wie auch Säuger, auf die sie stoßen. Einige Arten haben wohlentwickelte Augen, die meisten haben jedoch kleine Augen oder sind sogar blind; sie verlassen sich bei der Navigation in unterirdischen Gängen oder in der Laubstreu völlig auf chemische Signale, die ihnen ihre Antennen übermitteln. Aufgrund der unterirdischen Nahrungssuche vieler Arten ist die Biologie vieler Dorylinae noch weitgehend unerforscht. Über die Männchen einiger Arten in dieser Unterfamilie ist jedoch mehr bekannt als über die meisten Ameisen in anderen Unterfamilien; ihre sonderbare Gestalt mit einem langen schlauchförmigen Hinterleib hat ihnen im Englischen den Trivialnamen *Sausage Flies* („Wurstfliegen") eingebracht. Die Dorylinae sind am nächsten mit einer großen Klade von sieben Unterfamilien verwandt, darunter Myrmicinae, Formicinae und Dolichoderinae.

DOLICHODERINAE (DRÜSENAMEISEN)

Diese Unterfamilie, die die kleinste der Großen Fünf ist, umfasst 714 rezente Arten. Wie den Formicinae fehlt den Drüsenameisen ein Stachel, doch stattdessen können sie in einer Analdrüse chemische Verbindungen synthetisieren, die durch einen Schlitz in der Gaster nach außen abgegeben werden. Aufgrund dieser chemischen Verbindungen strömen die meisten Arten einen charakteristischen strengen Geruch aus, wenn sie gestört oder zerdrückt werden. Die Arten sind tendenziell Aasfresser, einige aber auch unspezialisierte Prädatoren, und haben in der Regel eine besondere Vorliebe für zuckerreiche Nahrungsquellen wie Pflanzenexsudate oder Zuckerverbindungen, die von herbivoren Insektensymbionten wie Blattläusen und Raupen ausgeschieden werden. Im Vergleich zu den meisten anderen Unterfamilien haben Drüsenameisen offenbar seltener distinkte morphologische Merkmale entwickelt, was eine taxonomische Kategorisierung auf Artniveau

UNTEN: Die zuckerhaltigen Ausscheidungen von Blattläusen sind eine von Drüsenameisen wie den hier abgebildeten *Technomyrex*-Arbeiterinnen häufig genutzte Nahrungsquelle.

RECHTS: *Dorylus*-Wanderameisen, nach ihren Suaheli-Namen auch Siafu genannt, sind wohl die wichtigsten Arthropoden-Prädatoren im tropischen Afrika.

manchmal zu einer Herausforderung macht; Arbeiterinnen der Unterfamilie lassen sich jedoch oft anhand ihrer relativ erratischen Bewegungen auf ihren Raubzügen erkennen. Die Unterfamilie, die am nächsten mit den Drüsenameisen verwandt ist, ist Aneuretinae; beide zusammen bilden eine Schwestergruppe zu Myrmecinae und Pseudomyrmecinae.

AUFSTIEG ZUR VORHERRSCHAFT

Ameisen mögen heute in den meisten terrestrischen Ökosystemen der Erde fast allgegenwärtig sein, doch natürlich war das nicht immer so. Aufgrund von Fossilbelegen und phylogenetischen Schlussfolgerungen ist anzunehmen, dass der gemeinsame Vorfahr von Ameisen eine wespenähnliche Insektenart war, die im Boden oder in der Laubstreu nistete und sich vor rund 150 Millionen Jahren oder früher von den Apoidea abspaltete. Trotz dieses frühen Ursprungs sprechen aktuelle Indizien dafür, dass lange Zeit verging, bevor der wirkliche Aufstieg von Ameisen zur ökologisch dominanten und evolutionär diversen Gruppe der Hymenopteren begann. Im Fossilbericht finden sich keine Exemplare, die älter sind als 100 Millionen Jahre. Zudem enthält der Fossilbericht in der Zeitspanne von 100 bis 78 Millionen Jahren nur zwei Arten, welche sich eindeutig in Unterfamilien einordnen lassen, die es heute noch gibt. Genetische Analysen, die entscheidend wichtig waren, um auf ein höheres Entstehungsalter von Ameisen rückzuschließen, bestätigen diese artenarme Frühphase der Ameisenevolution, während phylogenetische Untersuchungen vermuten lassen, dass die wichtigsten Unterfamilien vor rund 60–80 Millionen Jahren entstanden. Warum dauerte es so lang, bis die Ameisen endlich aufblühten?

Eine populäre Theorie erwächst aus einer Reihe von Beobachtungen. Erstens haben die meisten der größten Ameisengruppen, wie Myrmicinae, Formicinae und Dolichoderinae, vielfältige Beziehungen zu Blütenpflanzen (Angiospermen), sei es direkt

UNTEN: Die Larven einiger *Leptanilla*-Arten besitzen spezielle Fortsätze, die der Königin erlauben, sich von ihrer Hämolymphe zu ernähren.

LINKS: Symbiotische Beziehungen zwischen Blattläusen und Ameisen (wie bei dieser *Lasius*-Art) werden dadurch erleichtert, dass Blattläuse den Phloemsaft von Angiospermen saugen.

UNTEN: Ameisen nehmen oft flüssige Nahrung in Form von pflanzlichen und tierischen Ausscheidungen auf. Das Auflecken von Flüssigkeit aus Pflanzenwunden könnte zu symbiotischen Ameisen-Pflanzen-Beziehungen geführt haben.

oder indirekt durch symbiotische Insekten wie Blattläuse, Schmetterlingsraupen und Schildläuse. Zweitens koinzidiert eine Zunahme der Artaufspaltung (Diversifikation) bei Ameisen mit der raschen Artaufspaltung bei Angiospermen, die heutzutage fast alle Pflanzenarten stellen. Daher könnte der Aufstieg der Angiospermen in einer Art koevolutionärem Tanz den Aufstieg der Ameisen nach sich gezogen haben. Dazu kommt, dass sich Martialinae und Leptanillinae – kleine, bodennistende Ameisen, von denen angenommen wird, dass sie viele urtümliche Merkmale früher Ameisen bewahrt haben – bereits sehr früh, vor mehr als 100 Millionen Jahren, von den übrigen Ameisen abspalteten und gemeinsam lediglich 69 Arten umfassen – nur 0,5 Prozent der heute existierenden Artenvielfalt. Möglicherweise hat diese Klade eine so geringe Diversität beibehalten, weil die Tiere an den Boden gebunden blieben, ohne Beziehungen zu Angiospermen zu entwickeln, die die Artaufspaltung in anderen Unterfamilien angetrieben haben könnten. Die von Angiospermen angetriebene Ameisenevolution ist zweifellos eine fesselnde Hypothese, für die einige Indizien sprechen, doch es wird wohl nicht möglich sein, mit Sicherheit zu sagen, was letztlich zu dieser Explosion der Artenvielfalt bei Ameisen geführt hat.

ZEITKAPSELN

Ameisenfossilien sind hilfreich, um die Ursprünge und die darauffolgende Evolution von Ameisen zu verstehen, und die Suche nach Fossilien hat zu Entdeckungen von einigen faszinierenden Merkmalen geführt, die rezente Ameisen nicht mehr aufweisen. Die meisten Ameisenfossilien wurden in Bernstein gefunden, der sich von Baumsaft ableitet; die Ameisen wurden zu Lebzeiten darin eingeschlossen, der Bernstein härtete aus und konservierte das jeweilige Exemplar über Millionen Jahre. Zudem wurden zahlreiche Ameisenindividuen in Stein fossilisiert und hinterließen dort eine Negativform, einen Abdruck. Im Allgemeinen sind Bernsteinfossilien wissenschaftlich besonders wertvoll, da sie meist die gesamte Körpermorphologie der Ameise konservieren, Abdrücke hingegen nur einen zweidimensionalen Umriss, was es schwierig machen kann, die Art, Gattung oder manchmal selbst die Unterfamilie zu bestimmen. Die Altersschätzungen von Ameisenfossilien basieren – mit einer gewissen Fehlermarge – auf der Datierung des Bernsteins oder Gesteins, in dem das Fossil gefunden wurde. Fossilfunde helfen nicht nur, evolutionäre Schlussfolgerungen, die allein auf DNA-Daten basieren und ohne Fossildaten verzerrt sein können, besser einzuordnen, sondern haben auch gezeigt, dass manche Ameisen bereits vor 100 Millionen Jahren einige hochspezialisierte Merkmale entwickelt hatten. Ein gutes Beispiel ist die Gattung *Haidomyrmex:* Sie entwickelte bizarre, gekrümmte Schnappkiefer-Mandibeln, die im Gegensatz zu allen modernen Schnappkieferameisen, deren Mandibel sich horizontal bewegen, vertikal zuschnappten.

Fossilien können zudem Hypothesen über ökologische Beziehungen und Verhalten direkt bestätigen und Wechselbeziehungen zwischen Arten in Echtzeit konservieren. Ameisenpaläontologen haben uralte Bernsteinfossilien entdeckt, in denen zwei flügellose weibliche Ameisen derselben Art eingeschlossen waren, ebenso das Fossil einer adulten flügellosen Ameise mit einer ungeflügelten Puppe. Diese Fossilien sind Schnappschüsse eines vermutlich eusozialen Verhaltens, nämlich nichtreproduktive Arbeiterinnen, die zusammen auf Nahrungssuche gehen, und eine Arbeiterin, die sich um die Brut kümmert. Mehrere Ameisenarten in baltischen Bernsteinlagern (datiert auf 34–48 Millionen Jahre) wurden zusammen mit Blattläusen gefunden, was die Theorie stützt, dass die durch Angiospermen erleichterten symbiotischen Beziehungen zwischen Ameisen und säftesaugenden Insekten kein neues Phänomen sind. Dass *Haidomyrmex* sich schon früh räuberisch ernährte und dabei seine vertikal zuschnappenden Mandibeln einsetzte, konnte kürzlich definitiv belegt werden, als ein Fossil einer Arbeiterin entdeckt wurde, die eine schabenartige Beute zwischen ihren Kiefern und der hornartigen Struktur auf ihrem Kopf hält. Eine Blattschneiderameise, die in Dominikanischen Bernstein eingeschlossen wurde, zeigt Hinweise auf symbiotische Bakterien auf ihrem Exoskelett, was belegt, dass eine Beziehung, wie man sie bei modernen Blattschneiderameisen findet, bereits schon vor wenigstens 15–20 Millionen Jahren existierte.

TECHNISCHE FORTSCHRITTE

Bernsteinvorkommen sind geografisch begrenzt und repräsentieren nur gewisse Zeitabschnitte zwischen der Entstehung von Ameisen bis heute; daher sind die existierenden Ameisenfossilien kostbare, aber höchst unvollständige Belege der Evolution von Ameisen und ihrer ökologischen Beziehungen im Wandel der Zeiten. Aber auch wenn die Zahl der Ameisenpaläontologen viel kleiner ist als die der Wirbeltierpaläontologen, wurde in etwa dieselbe Anzahl an fossilen Ameisenarten beschrieben wie an fossilen Dinosaurierarten. Zudem haben aktuelle technische Fortschritte zum Einsatz von Röntgenmikrotomografie oder

LINKS: In Bernstein eingeschlossene Ameisengruppen können Daten über urtümliches Sozialverhalten und ökologische Wechselbeziehungen liefern.

Mikro-Computertomografie geführt, sodass sich qualitativ hochwertige 3-D-Bilder von fossilen, in Bernstein eingeschlossenen Ameisen machen lassen, ohne die Fossilien zu zerstören. Solche per Mikro-CT-Scans erzeugte Bilder erhöhen die Menge an zugänglichen Daten, die Ameisenpaläontologen aus Bernsteinfossilien gewinnen können. Dank kontinuierlicher und zunehmender Forschung an Bernstein- und Abdruck-Fossilien von Ameisen sowie der Implementierung neuer Techniken erwarten uns viele neue und informative Entdeckungen.

OBEN: Eine gut erhaltene Myrmicinae aus einem prähistorischen Baltischen Bernsteinvorkommen, das auf 34–48 Millionen Jahre datiert wird.

NEUERUNGEN UND EVOLUTIONÄRE ABWÄGUNGEN

Die Fähigkeit von Ameisen, im Lauf ihrer Evolution eine breite Palette von morphologischen (strukturellen) Merkmalen zu entwickeln, ist ebenso bemerkenswert wie grundlegend für die evolutionäre, ökologische und geografische Ausbreitung und den Fortbestand von Ameisen. Ein Großteil dieser Merkmalsvariationen findet sich in den Ameisenporträts im ganzen Buch. Die Körperlänge von Ameisen reicht von 0,8 mm *(Carebara bruni)* bis zu 4 cm *(Dinoponera gigantea),* also ein Größenunterschied mit einem Faktor 50. Ameisenkolonien können weniger als zehn Arbeiterinnen oder bis zu vielen Millionen Individuen zählen. Zahlreiche Arten haben eine dimorphe Arbeiterkaste entwickelt, also morphologisch unterschiedliche Arbeiterinnen, die unterschiedliche Aufgaben übernehmen (beispielsweise nach Nahrung suchen oder die Kolonie verteidigen), während die meisten Arten monomorph sind, ohne auffällige Unterschiede. Manche Arten tragen mehrere kleine, dornenartige Kutikulaauswüchse oder auch massive angelhakenförmige Fortsätze, die die Länge des Mesosomas übersteigen können, während andere völlig unbedornt sind. Viele Arten haben ein raues, behaartes Exoskelett (Pilosität), andere hingegen sind glatt und glänzend. Die Form der Mandibeln variiert von kleinen, schwachen pinzettenartigen Kiefern bis zu langen, kräftigen Schnappkiefern, die ihre Besitzerinnen in die Luft katapultieren können, und zwar bis zu 20 Körperlängen weit. Einige Arbeiterinnen, die auf Bäumen nach Nahrung suchen, haben große Augen, die fast so lang sind wie ihr Kopf, andere haben ihre Augen hingegen völlig verloren und gehen unter der Erde oder in der Laufstreu auf Nahrungssuche. Werden Kolonien von einem räuberischen Wirbeltier attackiert, wehren sich manche Arten heftig, und Dutzende, Hunderte oder sogar Tausende von Arbeiterinnen schwärmen aus und versetzen dem Angreifer schmerzhafte Stiche, wobei sie ihm chemische Verbindungen injizieren. Die Arbeiterinnen einiger Arten mit erdiger Färbung drücken ihren Körper hingegen gegen den Boden, um sich so zu tarnen, während die nahrungssuchenden Arbeiterinnen anderer Arten sich bei Bedrohung vom Ast fallen und zu Boden gleiten lassen, um der Gefahr zu entkommen.

Eine solche Variationsbreite innerhalb einer einzigen Hymenopteren-Familie ist schon für sich allein gesehen verblüffend. Dazu kommt, dass es quer durch den Stammbaum oder die Phylogenie von Ameisen zahlreiche unabhängige evolutionäre „Gewinne" (und Verluste) vieler wichtiger Merkmale wie den oben aufgelisteten gibt, darunter große Statur, Polymorphismus unter den Arbeiterinnen, Dornen, spezialisierte Mandibeln und eine enorme Koloniegröße. Evolutionsbiologisch spricht man von einer „konvergenten Evolution". Eine wiederholte konvergente Evolution dieser Merkmale wie auch die innovative Evolution einzigartiger Merkmale spricht dafür, dass die Familie Formicidae generell recht anpassungsfähig ist. Während sich die lokale Umwelt im Lauf von Millionen Jahren veränderte, konnten sich verschiedene Merkmale weiterentwickeln und besser an neue

LINKS: Die Königinnen vieler *Carebara*-Arten sind deutlich größer als die kleinsten Arbeiterinnen, die bei *C. minuta* nur 1 mm lang werden.

OBEN: *Polyrhachis-bihamata*-Arbeiterinnen tragen enorm große defensive Dornen und können Ameisensäure freisetzen, haben aber keinen Stachel und auch keine Soldatenkaste.

Bedingungen anpassen; dazu gehörte auch der Verlust von Merkmalen, die die Überlebensfähigkeit innerhalb einer Ameisenpopulation nicht länger erhöhten. Diese Anpassungsfähigkeit ist nicht unbegrenzt; wie eine neuere Studie herausfand, gibt es eine evolutionäre Abwägung (im Fachjargon „trade-off" genannt) bei Ameisen, was Verteidigungswaffen angeht – bei Arten mit einem funktionstüchtigen Stachel ist die Wahrscheinlichkeit geringer, dass sie eine Reihe anderer Defensivmerkmale entwickeln, wie man sie bei stachellosen Arten findet. Ähnliche Abwägungen existieren auch innerhalb einer ökologischen Gemeinschaft von Ameisenarten – Arten mit bestimmten Merkmalen nutzen gewisse Nist- und Nahrungsressourcen erfolgreicher, solche mit anderen Merkmalen hingegen andere Ressourcen besser. Um es einfach zu sagen: Keine Art kann Merkmale exprimieren, die optimal an alle möglichen Bedingungen angepasst wären, keine wäre fähig, alle Nahrungsressourcen, von Pilzen bis zu kleinen Eidechsen, zu nutzen oder in jedem Mikrohabitat, vom Kronendach des Regenwaldes bis zum Wüstensand, zu leben. Diese Kompromisse bei der

OBEN LINKS: Die Mandibeln von *Odontomachus simillimus* sind optimal für rasches Zuschnappen, eine spezialisierte Anpassung an den Fang von Beutetieren wie Springschwänzen.

OBEN: Der Stachel der 24-Stunden-Ameise *(Paraponera clavata)* appliziert ein Gift, das bis zu 24 Stunden lang heftig schmerzt – der wohl schmerzhafteste Stich aller Insekten.

Ausbildung von Merkmalen erlauben vermutlich vielen Arten, auf einen kürzeren ökologischen wie auch auf einer längeren evolutionären Zeitskala zu überleben, und ermöglichen neuen Arten, sich zu entwickeln. Damit verhindern sie die Vorherrschaft von nur einer Handvoll Arten, die alle anderen zum Aussterben verurteilen würden.

Es ist erstaunlich, dass trotz der umfangreichen Evolvierbarkeit von Ameisen als Gruppe alle Ameisen eusozial sind; es gibt keine wirklich solitäre Art. Im Gegensatz dazu gibt es Hinweise in anderen Gruppen mit eusozialen Arten, wie Bienen und Blattläusen, dass Eusozialität manchmal verloren geht. Die genetische Basis eusozialen Verhaltens bei Ameisen ist möglicherweise so multifaktoriell und komplex, dass ein späterer evolutionärer Verlust des Merkmals praktisch unmöglich ist. Zumindest bisher scheint ein solcher starker evolutionärer Druck keine sogenannte evolutionäre Sackgasse zu sein, also eine Situation, in der ein evolutionäres Merkmal kurzfristig von Nutzen ist, eine Artbildung aber einschränkt oder das Aussterberisiko langfristig erhöht. Tatsächlich könnte die konservierte Eusozialität von Ameisen einen wichtigen Beitrag zu ihrem globalen Erfolg als Gruppe leisten. Zukünftige Umweltverhältnisse könnten jedoch einen so hohen natürlichen Selektionsdruck ausüben, dass eusoziales Verhalten nachteilig wird, und dazu führen, dass einige Populationen einer Ameisenart ihre Eusozialität verlieren, sodass die erste solitäre Ameisenart entsteht.

EINE KOSMOPOLITISCHE GRUPPE

Ameisen gibt es auf allen Kontinenten mit Ausnahme der Antarktis (auch wenn deren Bezeichnung mit dem englischen Wort für Ameise, „Ant", beginnt). In allen Ländern der Welt sind Ameisen beobachtet worden, mit Ausnahme einiger geografisch isolierter Inselnationen wie Island und die Malediven. Wie bei vielen Tier- und Pflanzengruppen der Fall, ist die Artenvielfalt in den Tropen am höchsten und die Ameisendiversität nimmt mit zunehmendem Breitengrad vom Äquator bis zu den Polen ab. Für dieses Muster gibt es viele mögliche Gründe – Ameisen, die generell feuchtigkeitsliebend sind und zahlreiche Beziehungen zu Bäumen und pflanzenfressenden Insekten haben, gedeihen in humiden tropischen und subtropischen Lebensräumen mit einer großen Vielfalt von Baumarten besonders gut. Zwei allgemeine Hypothesen über diesen beobachteten Breitengrad-Effekt der Artenvielfalt sind die „Museumshypothese" *(museum hypothesis)* und die „Wiegenhypothese" *(cradle hypothesis)*. Die Museumshypothese nimmt Folgendes an: Aufgrund verschiedener Faktoren in höheren Breiten, darunter stärkere saisonale Schwankungen und Eiszeiten, die zur Gletscherbildung führen, können Arten, die näher am Äquator leben, im Vergleich zu Arten in den manchmal unwirtlichen und kalten höheren Breiten geringere Aussterberaten aufweisen. Die Wiegenhypothese nimmt stattdessen an, dass tropische Habitate im Vergleich zu gemäßigten Habitaten mehr neue Arten hervorbringen, selbst wenn die Aussterberate für bereits existierende Arten dieselbe ist. Eine neuere Studie an Ameisen fand Belege für beide Hypothesen und stellte fest, dass Ameisenarten in den Tropen eine geringere Aussterberate hatten (Museum) und dass die Speziationsrate in den Tropen höher war als in gemäßigten Breiten (Wiege).

Außerhalb solch breiter Muster ist die Biogeografie von Ameisen durch eine signifikante Variation im Hinblick auf die Verbreitung definiert; diese unterscheidet sich je nach Unterfamilie, Gattung und Art beträchtlich, was geografische Lage und Breite angeht. Eine Handvoll größerer Gattungen – darunter *Pheidole,*

UNTEN LINKS: *Camponotus*-Puppen sind durch Kokons aus Larvenseide geschützt. Je nach Art sind die Puppen entweder in einen Kokon gehüllt oder „nackt".

UNTEN: Eine *Strumigenys-louisianae*-Arbeiterin trägt eine Larve. Ameisenlarven können keine Abfallprodukte – hier als dunkler Fleck im Inneren der Larven zu erkennen – ausscheiden, bis sie das Puppenstadium erreichen.

OBEN LINKS: *Crematogaster*-Ameisen haben eine herzförmige Gaster; sie sind baumlebend und weltweit verbreitet. Hier kümmern sich Arbeiterinnen um eine Schildlaus.

OBEN: *Solenopsis-geminata*-Arbeiterinnen kümmern sich um die Königin und die Brut. Die Art, die auf dem amerikanischen Doppelkontinent heimisch ist, ist inzwischen aufgrund menschlicher Aktivitäten weltweit verbreitet.

Camponotus, Strumigenys, Crematogaster, Solenopsis und *Hypoponera* – sind mit wenigstens ein paar Arten auf jedem Kontinent wirklich weltweit verbreitet. Es gibt jedoch mehrere Fälle, wo eine Gattung eine bedeutende Speziation und geografische Expansion durchgemacht hat, aber dennoch auf nur einige Kontinente beschränkt ist. Die Gattung *Polyrhachis* beispielsweise ist im tropischen und subtropischen Afrika, Asien, den Pazifischen Inseln und Australien weit verbreitet, hat aber keine Arten in Europa, Nord- oder Südamerika. Die Waldameisengattung *Formica* ist auf der gesamten Nordhalbkugel fast allgegenwärtig, fehlt jedoch auf der Südhalbkugel völlig. Die Gattung *Tetramorium* ist von Südafrika bis Ostrussland verbreitet, enthält ein paar in Nord- und Zentralamerika heimische Arten sowie die invasive Art *Tetramorium immigrans,* fehlt in Südamerika jedoch völlig. Dieses variable Muster ist wahrscheinlich auf eine komplexe Mischung von umweltbedingten, ökologischen und historischen Faktoren zurückzuführen.

UMWELTEINFLÜSSE

Natürliche Selektionsdrücke in unterschiedlichen Lebensräumen haben eine breite Palette an ökologischen Verhaltensweisen bei Ameisen hervorgebracht, die in Kapitel 5 ausführlicher diskutiert werden. So ist Granivorie, das Fressen von Samen, unter Ernteameisenarten wie *Pogonomyrmex barbatus* in offeneren, trockeneren und ariden Regionen wie die Wüstengebiete im Südwesten der USA besonders ausgeprägt; das liegt vielleicht an der größeren Verfügbarkeit von Samen und am Mangel von alternativen Nahrungsressourcen, die in feuchteren tropischen und gemäßigten Habitaten häufig sind. Die komplexe Beziehung zwischen Blattschneiderameisen und Pilzsymbionten erfordern ausreichend Feuchtigkeit für den Pilz und genügend zugängliches Pflanzenmaterial für die Ameisen, um die Pilze damit zu füttern. Daher kann es nicht überraschen, dass man Blattschneiderameisen vorwiegend in tropischen und subtropischen Habitaten auf dem amerikanischen Doppelkontinent findet. Im Gegensatz zu einigen anderen Insekten können Ameisen nicht unter Wasser leben

OBEN: Die Kutikula der in den Philippinen heimischen *Polyrhachis cyaniventris* schillert blau, eine seltene Färbung bei allen Tiergruppen, einschließlich Ameisen.

OBEN RECHTS: Sobald sich die Symbiose zwischen Ameisen und Pilzen einmal entwickelt hatte, gewannen Blattschneiderameisen wie *Atta cephalotes* Zugang zu einer beständigen Nahrungsquelle, die andere Ameisen nicht nutzen konnten.

RECHTS: *Pheidole hartmeyeri* in Westaustralien schleppt einen Raygras-Samen. Der Konsum von Samen könnte zu der hohen Toleranz dieser Art für Umweltbelastungen beitragen.

oder längere Zeit untergetaucht verbringen, doch in manchen Regionen, wo es häufiger zu Überflutungen kommt, wie im Amazonasbecken oder in Mangrovenwäldern, haben einige Arten Arbeiterinnen entwickelt, die kurze Strecken schwimmen können oder sogar ihren Körper mit demjenigen von Nestgenossinnen verbinden, um lebende Flöße zu bilden. Im Allgemeinen besteht eine enge Beziehung zwischen den geografischen und klimatischen Bedingungen einer Region sowie dem Vorkommen und den Verhaltensweisen von Ameisenarten, die diese Region besiedeln.

INSELBEWOHNER

Auch wenn einige Inselnationen sich dadurch auszeichnen, dass sie die einzigen Länder ohne heimische Ameisenarten sind, beherbergen viele Inseln besonders vielfältige Ameisengemeinschaften. Aufgrund der starken Höhenunterschiede auf steilen vulkanischen Inseln, beispielsweise solchen in Indonesien und auf den Fidschis, können die Unterschiede in Temperatur und Feuchtigkeit, die das Verbreitungsmuster von Ameisen in globalem Maßstab bestimmen, gemeinsam auf einer einzigen Insel existieren. Vulkanische Inselsysteme schaffen durch das Auftauchen neuer Inseln zudem regelmäßig neue Lebensräume, und so kann sich das Alter verschiedener Inseln in einem Archipel um zig Millionen Jahre unterscheiden. Dieser Abwechslungsreichtum kann zu einer größeren Anzahl von Ameisenarten führen wie auch zu Arten, die besonders stark auf ein bestimmtes Mikrohabitat spezialisiert sind. Die wichtigste Rolle für die Vielfalt von Ameisenarten spielt aber wohl der umgebende Ozean und die unterschiedliche Größe der Inseln. Da Ameisen nicht im Wasser leben können, schränkt die Isolation der Inseln die Bewegung von Ameisen zwischen den Inseln stark ein, was eine genetische Isolierung fördert und letztlich zur Entwicklung unterschiedlicher Spezies führen kann. Im Vergleich zu kleineren Inseln bieten größere Inseln im Allgemeinen mehr nutzbare Ressourcen und bewohnbares Land sowie generell eine vielfältigere biologische Gemeinschaft. Entsprechend weisen entlegene Inseln wie auch

LINKS: Die invasive Gelbe Spinnerameise *(Anoplolepis gracilipes)* kann polygyne Superkolonien mit bis zu 1000 Königinnen bilden.

GEGENÜBER: Die Insel Madagaskar weist eine vergleichsweise hohe Vielfalt von sechs bekannten *Stigmatomma*-Arten auf.

RECHTS: Pilzzüchtende Ameisen wie *Mycetarotes* sind im kontinentalen Südamerika und in Zentralamerika weit verbreitet, jedoch nur selten auf Inseln zu finden.

kleinere Inseln in der Regel weniger Ameisenarten auf als große und weniger isolierte Inseln, die näher an anderen Inseln liegen oder möglicherweise vom nahe gelegenen Festland kolonialisiert werden können.

Ameisen waren die Inspiration für eine Theorie, die diese Prinzipien integriert und als „Taxonzyklus" bezeichnet wird; sie versucht die Beobachtung zu erklären, das hochspezialisierte Ameisenarten häufiger im Inneren einer Insel, also weiter entfernt von der Küste, und typischerweise in größeren Höhenlagen zu finden sind. Den Vorhersagen der Taxonzyklus-Theorie zufolge wird die Anfangsphase der Ausbreitung über eine Insel von generalistischen Arten vorangetrieben, die gut darin sind, sich auszubreiten und im Allgemeinen an der Küste oder in gestörten Habitaten zu finden sind. Mit der Zeit trennen sich die verschiedenen Populationen solcher „Supertramp"-Arten in verschiedene Spezies auf, darunter auch solche, die sich gut an die komplexeren Habitate im Inland anpassen – also sich spezialisieren. Im Lauf einer solchen Spezialisierung verlieren einige Ameisenarten nach und nach die generalisierten Merkmale der ancestralen (ursprünglichen) Populationen. Einiges spricht dafür, dass der hypothetische Taxonzyklus die Verteilung von Ameisenarten auf melanesischen Inseln erklärt, doch die allgemeine Anwendbarkeit der Theorie ist nicht gut belegt. Ein komplizierender Faktor ist die anthropogene (menschenbedingte) Verbreitung von Ameisenarten und die Störung von Insellebensräumen im Tiefland. Da stärker spezialisierte Arten meist störanfälliger sind, ist es plausibel, dass die Anlage von Wohnsiedlungen und andere Störungen der natürlichen Umwelt, von denen die flacheren Küstenregionen unverhältnismäßig stark betroffen sind, die beobachtete höhere Prävalenz von spezialisierten Ameisenarten in Habitaten im Zentrum der Insel vorantreibt. Wenn das so ist, dann könnten die Muster, die Taxonzyklus auf einer evolutionären Zeitskala erklären möchte, auch auf rezentere Phänomene zurückgehen. Die gegenwärtige rasche Ausbreitung der Gelben Spinnenameise *(Anoplolepis gracilipes)* über die Pazifischen Inseln ist *ein* solches Beispiel für eine anthropogene Ausbreitung einer invasiven Art zwischen Inseln. Die Rolle des Menschen bei der Verbreitung von Ameisenarten, vor allem invasiver Arten, wird in Kapitel 6 näher besprochen.

Wie echte Inseln fördern auch kontinentale Gebirgszüge durch inselähnliche Mechanismen vielfältige Ameisengemeinschaften. Der Umweltgradient längs großer Berghänge ist sogar noch ausgeprägter als auf Inseln; die harschen Lebensbedingungen oberhalb von 2000 m führen dazu, dass man in solchen Höhenlagen nur sehr wenige Ameisenarten findet. Zudem ist angesichts der montanen Geometrie die verfügbare Gesamtfläche für eine Kolonialisierung in größeren Höhenlagen im Vergleich zu geringeren Höhenlagen kleiner. Ebenso, wie kleinere Inseln eine geringere Artenvielfalt aufweisen, ist zu erwarten, dass es in höheren Gebirgsregionen weniger Ameisenarten als in Tieflandregionen gibt, selbst wenn alle anderen Umweltfaktoren ähnlich sind. Angesichts der bestehenden Unterschiede zwischen Lebensräumen in höheren und tieferen Regionen von Berghängen leben Ameisenarten, die auf Hochlandhabitate spezialisiert sind und in Tieflandhabitaten fehlen, ökologisch auf einer Insel. Was Gebirge angeht, so können Populationen, die auf einem Berg in hohen Hanglagen leben, sich nicht so einfach in die weit hangaufwärts gelegenen Habitate anderer Berge ausbreiten – sie sind nicht durch Wassermassen isoliert, sondern durch ein für sie unbewohnbares terrestrisches Habitat.

LINKS: Eine *Pheidole*-Arbeiterin bedient sich an dem extrafloralen Nektarium (EFN) einer Flaschenpflanze *(Jatropha podagrica)*. Pflanzen bilden solche EFNs aus, um Ameisen als Verteidigung gegen Pflanzenfresser anzulocken.

GEGENÜBER: Große Hügel der Roten Waldameise *(Formica rufa)* sind in europäischen Tieflandwäldern ein häufiger Anblick. Einiges spricht dafür, dass diese Ameisen vor Erdbeben ihr Verhalten verändern.

LINKS: Weberameisen wie *Oecophylla smaragdina* haben höchst erfolgreich Habitate auf dem Kontinent wie auch auf Inseln besiedelt und sind recht stressresistent, was menschliche Störungen angeht.

NOTHOMYRMECIA

UNTERFAMILIE:	Myrmeciinae
ARTENZAHL:	monotypisch (1 Art)
VERBREITUNG:	Australien
LEBENSRAUM:	Waldland
NEST:	bodennistend
ERNÄHRUNG:	omnivor

Nothomyrmecia macrops ist eine mittelgroße gelbe Ameise mit verlängerten dreieckigen Mandibeln und großen Augen. Diese außerordentlich scheuen Ameisen gehen nachts einzeln auf die Suche nach Insektenbeute und Honigtau. Sie bilden in alter Mallee-Vegetation und Eukalyptus-Buschland kleine Kolonien von 50 bis 100 Arbeiterinnen. Die Nester sind gewöhnlich kleine Löcher im Boden unter einer flachen Laubstreuschicht. *N. macrops* weist viele körperliche Merkmale einer primitiven Ameise auf. Die Art ähnelt im Aussehen Ameisen, die vor 60 Millionen Jahren lebten, und wird daher im Englischen auch als *Dinosaur Ant* („Dinosaurierameise") bezeichnet.

AUF DER JAGD NACH „DINOSAURIERN"

Im Jahr 1931 wurde in Westaustralien eine allgemeine Sammlung von Insekten durchgeführt und die Ausbeute der Entomologin Amy E. Crocker übergeben. Zwei Exemplare einer ungewöhnlichen Ameise schickte sie an John S. Clark. Er beschrieb die neue Art 1934, und ihr urtümliches Aussehen erweckte in der myrmekologischen Gemeinschaft großes Interesse. Seit 1951 wurden Expeditionen unternommen, um die Ameise an ihrem ursprünglichen Fundort zu suchen, diese blieben aber 20 Jahre lang ohne Erfolg. 1977 campierte eine Gruppe Entomolog:innen in Südaustralien. Und tatsächlich stießen sie dort mehr als 40 Jahre später und 1300 km von dem Erstfundort entfernt auf *Nothomyrmecia.*

Nothomyrmecia macrops ist vielleicht die einzige Ameisenart der Welt mit ihrer eigenen Tourismusindustrie. In Poochera (dem Ort der Wiederentdeckung) steht eine große *N.-macrops*-Statue, und auf den Straßen findet man mit Schablonen gezeichnete Bilder der Ameise.

KÖNIGLICHE MERKMALE

Königinnen von *Nothomyrmecia macrops* besitzen Punktaugen (Ocellen) und am Bauch ein Stridulationsorgan. Sie können brachypter sein, d. h., sie haben kurze Flügel, mit denen sie nicht fliegen können.

CREMATOGASTER

Crematogaster-Ameisen findet man in Wäldern und Grasgebieten rund um den Globus. Sie lassen sich leicht an dem Postpetiolus (dem zweiten Taillensegment) erkennen, der oben auf der herzförmigen Gaster ansetzt. Wenn sich diese stark territorialen Ameisen gestört fühlen, wird die Gaster in der Regel abwehrend nach oben gebogen und hoch in die Luft gehoben. Im Englischen heißen diese Ameisen *Acrobat Ants,* weil ihre Haltung an Akrobaten erinnert, die unsicher balancieren und mit ihrem Stachel wackeln, zum Zustechen bereit.

DER WEG ZUR GLOBALEN VORHERRSCHAFT

Crematogaster-Ameisen tauchten in Südostasien Mitte des Eozäns, vor etwa 40–45 Millionen Jahren, auf. Im Lauf der folgenden 15 Millionen Jahre blieben sie in Südostasien, entwickelten sich und teilten sich in drei Hauptlinien auf. Ihr Weg zur weltweiten Kolonialisierung begann mit der Expansion nach Afrika, gefolgt von der Ausbreitung auf den amerikanischen Doppelkontinent, Europa und Australien; dies geschah mittels komplexer Verbreitungsmuster verschiedener *Crematogaster*-Linien mehrfach. Das spricht für eine Prädisposition als geschickte Kolonisatoren, vielleicht dank einer hohen Überlebenswahrscheinlichkeit aufgrund großer Königinnen und bevölkerungsreicher Kolonien. Eine andere Theorie für ihren Erfolg fußt auf ihrer Verbreitungsfähigkeit über Meere hinweg. In tropischen Regionen nisten *Crematogaster*-Ameisen auf Bäumen, in toten Zweigen, unter lockerer Rinde oder in speziellen Nestern aus Karton – ein Material, das aus Pflanzenresten besteht. Diese Gewohnheit, in Bäumen zu nisten, könnte ihnen erlaubt haben, übers Meer zu treiben, sicher eingepackt in Pflanzenmaterial.

UNTERFAMILIE:	Myrmicinae
ARTENZAHL:	mehr als 500 Arten, die meisten davon in den Tropen
VERBREITUNG:	weltweit mit Arten auf allen großen Kontinenten
LEBENSRAUM:	Wälder, Waldland, Savanne
NEST:	Tropische Arten nisten auf Bäumen, manche auch im Boden und in der Laubstreu. Temperate Arten sind vorwiegend bodennistend.
ERNÄHRUNG:	omnivor; unspezialisiert, viele ernährend sich von Honigtau von Gleichflüglern (Homoptera).

HOHE FLEXIBILITÄT DES ABDOMENS
Der Ansatz des Petiolus hoch am vierten Abdominalsegment gibt *Crematogaster*-Ameisen so viel Bewegungsfreiheit, dass sie ihre Gaster über ihrem Mesosoma manövrieren können.

PHEIDOLE

SUBFAMILIE:	Myrmicinae
ARTENZAHL:	1171 bestätigte Arten
VERBREITUNG:	weltweit, am artenreichsten in der Neotropis
LEBENSRAUM:	so gut wie alle gemäßigten und tropischen Habitate
NEST:	bodennistend und arboreal
ERNÄHRUNG:	omnivor

Pheidole ist die artenreichste Ameisengattung, sie enthält 8 Prozent aller bekannten Ameisenarten. Die Gattung hat sich erfolgreich auf der ganzen Welt verbreitet und besiedelt tropische und temperate Wälder, Gras- und Wüstengebiete. Obwohl man sie mit Ausnahme der kältesten Lebensräume der Erde überall findet, ist die Anzahl von *Pheidole*-Arten an einem gegebenen Ort eng mit dem Klima korreliert, vor allem mit höheren Temperaturen und der Niederschlagsmenge. In der Neotropis (oder der Neuen Welt) ist die Artenvielfalt dieser Ameisen größer als in vergleichbaren Regionen der Alten Welt. Beispielsweise besteht die Ameisengemeinschaft eines neotropischen Feuchtwaldes zu 18 Prozent aus *Pheidole*-Arten, während es in den Feuchtwäldern der Alten Welt nur 11 Prozent sind.

URSPRUNG IN DER NEOTROPIS

Die modernen Linien der *Pheidole*-Ameisen enstanden vor rund 37 Millionen Jahren in der Neotropis. Anschließend zogen die Ameisen aus, um alle Regionen rund um den Globus zu kolonialisieren, und machten geografisch lokalisierte evolutionäre Radiationen durch. Das heißt, sie besiedelten zu verschiedenen Zeiten Afrika, Asien, Australien und Neuguinea. Dort durchliefen sie jeweils eine Phase der Artbildung und entwickelten sich zu den vielen Hundert Arten, die heute in diesen Regionen leben, wobei es nach der Etablierungsphase zu praktisch keinem Artaustausch mehr zwischen den Kontinenten kam. Die Fähigkeit, einen neuen Habitattyp zu besiedeln, war das Ergebnis eines evolutionären Übergangs innerhalb einer geografischen Region und lag nicht etwa daran, dass eine Art aus einem ähnlichen Habitat anderswo sich an dieser Stelle ansiedelte.

VIELFALT EINER GATTUNG
Bei mehr als 1000 gegenwärtig beschriebenen Arten und einer weltweiten Verbreitung muss die Taxonomie von *Pheidole* revidiert werden, bis die endgültige Anzahl der Arten bestätigt werden kann.

STRUMIGENYS

Strumigenys ist die drittartenreichste Ameisengattung und erreicht ihre höchste Vielfalt in tropischen und subtropischen Regenwäldern. Die rund 4 mm langen kleinen Ameisen nisten im Boden und in der Laubstreu, wenige Arten auch auf Bäumen. Einige haben Schnappkiefer zum schnellen Beutefang und sind auf Springschwänze spezialisiert.

NEUE ARTEN BESCHREIBEN

Als Wissenschaftler:innen in Ecuador eine neue und ungewöhnliche *Strumigenys*-Art entdeckten, war ihnen bewusst, dass diese Art einen ganz besonderen Namen brauchte. Die meisten *Strumigenys*-Arten haben ein stark gemustertes Exoskelett mit abgeflachten, Sesamkörnern ähnelnden Haaren, die den Körper bedecken. Die neu entdeckte Art hatte feine Haare und keine Körperskulpturierung, was ihr ein glattes, glänzendes Aussehen verlieh. Sie erhielt den Namen *S. ayersthey* zu Ehren des Künstlers Jeremy Ayers, einen von Andy Warhols „Superstars". Traditionell erhalten neue Arten, die nach Individuen benannt werden, das entsprechende lateinische Suffix, um das Geschlecht wiederzugeben, also -ae im weiblichen Geschlecht, -i im männlichen Geschlecht, -orum für eine Gruppe von Personen. Der Gebrauch des Suffix -they in *S. ayersthey* ist für Menschen, die sich nicht mit konventionellen binären Geschlechtszuordnungen identifizieren und bislang durch die traditionelle taxonomische Benennungspraxis nicht repräsentiert wurden.

Der Einfluss neuer technologischer Möglichkeiten führte dazu, dass 2019 sechs neue *Strumigenys*-Arten von den Fidschi-Inseln mithilfe von *Augmented Reality* beschrieben wurden.

SUBFAMILIE:	Myrmicinae
ARTENZAHL:	858 Arten
VERBREITUNG:	weltweit
LEBENSRAUM:	Wald, Buschland, Plantagen
NEST:	bodennistend, selten arboreal
ERNÄHRUNG:	carnivor (Prädatoren)

GEKNIETE FÜHLER
Bei dieser *Strumigenys*-Arbeiterin sind die geknieten Fühler, die für alle Ameisen typisch sind, perfekt zu sehen.

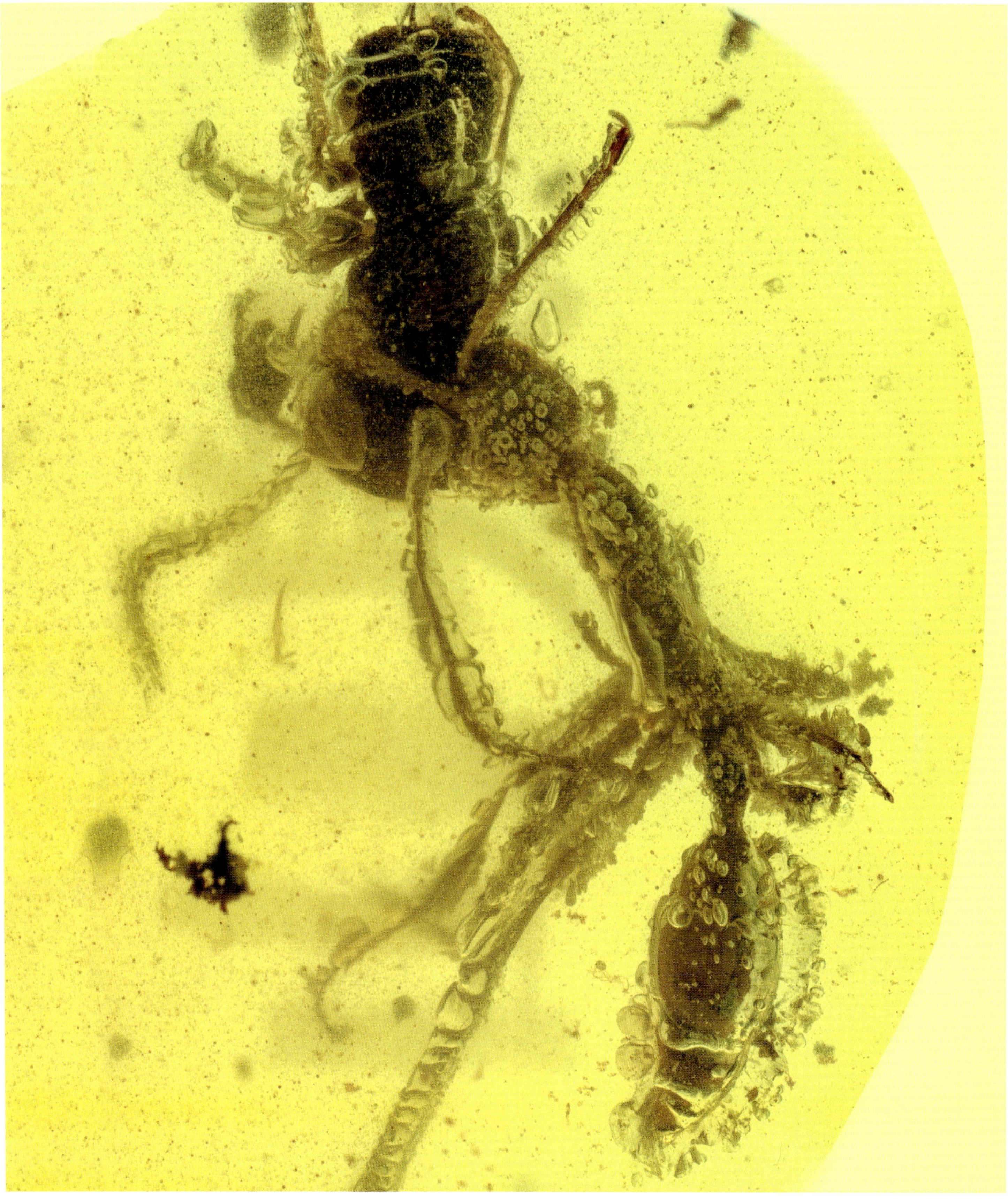

HAIDOMYRMECINAE

UNTERFAMILIE:	Haidomyrmecinae
ARTENZAHL:	Ausgestorben. 10 Gattungen, 16 Arten
VERBREITUNG:	Bernstein aus Kanada, Frankreich und Myanmar
LEBENSRAUM:	unbekannt
NEST:	unbekannt
ERNÄHRUNG:	carnivor (Prädatoren)

Aus 67 Lagerstellen kennt man 730 fossile Ameisenarten. Viele lassen sich heute lebenden Unterfamilien zuordnen, aber bei einigen ist keine Verbindung zu modernen Gruppen zu erkennen. Die Unterfamilie Haidomyrmecinae bildet eine vollständig ausgestorbene Gruppe, deren Mitglieder im Englischen als *Hell Ants* („Höllenameisen") bezeichnet werden und an nichts erinnern, was heute lebt. Alle Exemplare stammen aus einer Zeit von 100–79 Millionen Jahren, also aus der Mittleren Kreide. Sie wurden vorwiegend in burmesischem Bernstein gefunden, eine geringe Zahl auch in französischem und kanadischem Bernstein.

EIN RÄUBER AUS DER HÖLLE

Diese Ameisen haben nach oben weisende säbelartige Mandibeln und ein aus der Stirn herausragendes Horn. Die Mandibeln moderner Ameisenarten öffnen sich in der Horizontalebene und bewegen sich seitlich. Die bizarren Mandibeln der „Höllenameisen" bewegen sich hingegen in der Vertikalebene und verwenden einen Schnappkiefermechanismus zum Beutefang. Das Horn ist ein Auswuchs des Clypeus, des (gewöhnlich) flachen Kopfschilds. Die Tiere setzten zwei Methoden zum Beutefang ein. *Haidomyrmex* und andere ähnliche „Höllenameisen" hatten extrem scharfe Mandibeln, mit denen sie ihre Beute vermutlich aufspießten.

Ameisen wie *Ceratomyrmex* hatten ein glattes, langes Horn und fixierten Beute vermutlich zwischen den Mandibeln und dem Horn, um sie anschließend mithilfe ihres Stachels zu lähmen. Dieses Jagdverhalten lässt sich bei *Ceratomyrmex ellenbergeri* anhand eines in burmesischem Bernstein konservierten Fossils beobachten: Die Ameise fixiert den Hals einer Schabe zwischen Mandibeln und Horn.

URALTE PRÄDATOREN
Konserviert in Bernstein, kann man erkennen, wie die „Höllenameise" *Ceratomyrmex ellenbergeri* (rechts) ihre Beute packt (oben links). Gut zu sehen ist das Horn, das aus der Stirn der Ameisen ragt und um die Beute geschlungen ist.

MARTIALIS

Diese Ameise ist ein Unikat. Die Arbeiterinnen sind klein, blass, blind und der Wissenschaft so gut wie unbekannt. Die Gattung enthält nur eine einzige Art, und speziell für sie wurde eine eigene Unterfamilie geschaffen. Der Name *Martialis* bezieht sich auf die bizarren Merkmale der Ameise, die Wissenschaftler:innen scherzen ließ, sie müsse wohl vom Mars stammen.

WIE VON EINEM FREMDEN PLANETEN

Im Jahr 2008 wurden *Martialis heureka* auf der Basis einer einzelnen Arbeiterin beschrieben, die entdeckt wurde, als sie auf der Laubstreu durch einen primären Tiefland-Regenwald lief. Fünf Jahre zuvor waren zwei Arbeiterinnen gesammelt worden, doch unglücklicherweise löste sich auf dem Weg von der Fundstelle zum Museu de Zoologia in São Paulo der Deckel der Sammelphiole und die Ameisen trockneten aus. Trotz Bemühungen, diese kostbaren Exemplare intakt aus der Phiole zu holen, wurde sie schließlich aufgebrochen und die fragmentierten Ameisenteile gesammelt und untersucht. Bislang sind keine weiteren Arbeiterinnen entdeckt worden, dafür aber 25 Männchen, weil diese in Flugfallen gefangen werden können.

„Mars-Ameisen" könnten ein Relikt sein, die einzig überlebende Art, die Ameisen repräsentiert, welche früh in der Geschichte der Ameisendiversifikation entstanden – Ameisen, die urtümliche körperliche Merkmale bewahrt haben, da sie im Boden tropischer Regenwälder in einem relativ stabilen Umfeld leben. Diese Ameisen bilden die Schwestergruppe zu allen heute lebenden Ameisenarten. Das spricht dafür, dass Ameisen in der Frühzeit ihrer phylogenetischen Entwicklung kryptische, bodennistende Insekten waren, die am Boden nach Nahrung suchten und erst später andere Lebensräume eroberten, wo sie heute so erfolgreich siedeln.

UNTERFAMILIE:	Martialinae
ARTENZAHL:	1 Art
VERBREITUNG:	in der Region von Manaus, Brasilien
LEBENSRAUM:	Regenwald
NEST:	vermutlich bodennistend
ERNÄHRUNG:	unbekannt, aber aufgrund des Baues der Mandibeln vermutlich carnivor (Prädatoren)

SELTENE EXEMPLARE
Dieses *Martialis-heureka*-Männchen wurde in Brasilien in einer Malaise-Falle gefangen – eine Methode, die man benutzt, um fliegende Insekten zu sammeln. Da die Art so selten ist, stammen die meisten Bilder von toten Tieren.

DISCOTHYREA

SUBFAMILIE:	Proceratiinae
ARTENZAHL:	49 Arten
VERBREITUNG:	weltweit, konzentriert auf die Tropen und Subtropen
LEBENSRAUM:	vorwiegend Wälder und Waldgebiete, manchmal Grasgebiete
NEST:	bodennistend, in Laubstreu, Humus und verborgenen Mikrohabitaten
ERNÄHRUNG:	bei den meisten Arten unbekannt, aber wahrscheinlich carnivor (Prädatoren). Wenn bekannt, besteht die Nahrung aus Spinneneiern und Jungspinnen.

Diese bizarr aussehenden Ameisen haben ein vergrößertes Abdominalsegment, was zu einem C-förmig gebogenen Körper führt. Aufgrund ihrer geringen Größe und unauffälligen Lebensweise in der Laubstreu gelten sie als kryptische Art. Einige Arten haben sich auf Spinneneier spezialisiert, andere auf den Fang von Jungspinnen. Im Rahmen einer Strategie zur Koloniegründung, die als claustrale Lestobiose bezeichnet wird, legen diese Ameisen Nester in den Eikokons von Fischernetzspinnen an.

CYBERTAXONOMIE

Eine Untersuchung der afrikanischen *Discothyrea*-Ameisen 2019 beschrieb 15 brandneue Arten. Die Entdeckung so vieler neuer Arten innerhalb einer kleinen Gruppe ist überraschend, zeigt aber, wie groß die Zahl der Arten ist, die darauf warten, von Taxonomen beschrieben zu werden; das gilt vor allem für im Boden oder der Laubstreu lebende Insekten in tropischen Regionen. Die Wissenschaftler setzten die hochmoderne Cybertaxonomie-Technik der Röntgen-Mikrotomographie ein, um diese winzigen Ameisen zu untersuchen. Bei dieser Technik wird aus Röntgenbildern von Querschnitten einer einzelnen Ameise mithilfe computergestützter Rekonstruktionen ein virtuelles, interaktives 3-D-Modell mit sehr hoher Auflösung geschaffen. Dieser Prozess zerstört oder schädigt die Ameisen nicht und erfodert auch keine Sektion, daher kann man sie bei selten gefundenen Exemplaren einsetzen.

WAKANDA FOREVER

Eine neue Art, die sich durch einen ganz besonderen Namen auszeichnet, ist *Discothyrea wakanda,* die nur im Ruwenzori-Gebirge in der Demokratischen Republik Kongo zu finden ist. Im Marvel-Universum der Black-Panther-Comics ist Wakanda die Heimat der fiktiven Wakanda-Nation – ein friedliches, wohlhabendes Land, das niemals kolonialisiert wurde und wo alte Traditionen und moderne Technologie koexistieren.

BRUTPFLEGE
Diese *Discothyrea-mixta*-Arbeiterinnen pflegen in ihrem Nest im Kibale Forest in Uganda die Brut der Kolonie.

3 | LEBENSZYKLUS, FORTPFLANZUNG UND ENTWICKLUNG

LEBENSZYKLUS

Die biologischen Strategien von Ameisen unterscheiden sich in verschiedenen Unterfamilien beträchtlich, doch alle folgen einem grundlegenden Lebenszyklus vom Ei über Larve und Puppe zum Adulttier (Imago). Im Allgemeinen startet jede Kolonie mit einer Königin (der Gründerin), einem Männchen (manchmal auch mehreren) und einer Paarung. Diese unbegatteten Königinnen und Männchen verlassen, wenn sie geschlechtsreif werden, das Nest und unternehmen einen Hochzeitsflug. Die Synchronisation zahlreicher geflügelter Geschlechtstiere, die aus vielen Kolonien ausschwärmen, hat zur Folge, dass dieses Ereignis oft deutlich sichtbar ist und in manchen Ländern als „Tag der fliegenden Ameisen" bezeichnet wird.

DIE KÖNIGIN

Die Königin ist ein fortpflanzungsfähiges Weibchen, das Eier legen kann. Die meisten Königinnen sind geflügelt. Zwar überleben viele Königinnen ihren Hochzeitsflug nicht, weil sie Vögeln und anderen Prädatoren zum Opfer fallen, doch diejenigen, die es tun, können durchaus langlebig sein. Die Königinnen der Schwarzen Wegameise können fast 30 Jahre alt werden! Im Gegensatz dazu sind die Männchen gewöhnlich kurzlebig und sterben bald nach der Paarung. Daher spielen Männchen in Ameisengesellschaften keine soziale Rolle außer derjenigen, als Spermapaket zu dienen. Während ihres Hochzeitsflugs kann eine Königin mit einem oder mehreren Männchen kopulieren; anschließend paart sie sich zeitlebens jedoch nicht wieder. Königinnen speichern Sperma in einer speziellen Samentasche – Spermatheka oder Receptaculum seminis – im Abdomen und greifen bei Bedarf darauf zurück.

KOLONIEGRÜNDUNG

Nach der Paarung wählt die Königin einen Nistplatz aus und wirft ihre Flügel ab. Das ist das Gründungsstadium im Lebenszyklus der Kolonie. Im Nest beginnt die Königin mit der Eiablage. Diese Eier machen anschließend eine vollständige Metamorphose durch und entwickeln sich über mehrere Larvenstadien zur Puppe und schließlich zur adulten Ameise (Imago). Auch wenn es viel Variation gibt und bei den meisten Arten nur wenige Details bekannt sind, nimmt dieser Prozess rund ein bis zwei Monate in Anspruch. Die ersten Arbeiterinnen, Pygmäen genannt, sind kleiner als die folgenden Arbeitergenerationen und ernähren sich von Eiern, die von der Königin speziell für sie gelegt werden. Um die

GEGENÜBER: Ob sich eine befruchtete Eizelle zu einer Arbeiterin oder einer Königin entwickelt, wird durch eine Kombination von genetischen und Umweltfaktoren entschieden.

LINKS: Arbeiterinnen, Königinnen und Männchen unterscheiden sich im Hinblick auf ihre Reproktivität und Morphologie. Gewöhnlich ähneln Arbeiterinnen und Königinnen einander morphologisch stärker, als sie Männchen ähneln.

nötige Energie für die Nahrung zu gewinnen, mit der sie diese Pygmäen füttert, verstoffwechselt die Königin bei vielen Arten in dieser Zeit ihre Flugmuskulatur. Die Königin bleibt mit diesen Pygmäen im Nest und kümmert sich um sie, bis sie erwachsen sind und das Nest verlassen können, um auf Nahrungssuche zu gehen. Die Nahrung, die diese Arbeiterinnen zurück zum Nest bringen, dient dann dazu, die Königin und all ihre Nachkommen zu füttern. Wenn die Anzahl der Arbeiterinnen in der Kolonie zunimmt, verlagert sich der Schwerpunkt der Königin auf die Reproduktion, und die Arbeiterinnen übernehmen alle Aufgaben in der Kolonie, einschließlich Nahrungsbeschaffung, Pflege der Brut und Verteidigung der Kolonie. Die Kolonie wächst, während immer mehr Arbeiterinnengenerationen erfolgreich aufgezogen werden. Das ist das ergonomische oder exponentielle Stadium im Lebenszyklus der Kolonie.

Schließlich kommt die Kolonie ins reproduktive Stadium. Auch wenn die adulten Ameisen in einer Kolonie vornehmlich aus Arbeiterinnen bestehen, gibt es auch alate Individuen: geflügelte fortpflanzungsfähige Adulttiere, bei denen es sich um unbegattete Königinnen oder um Männchen handeln kann. Wenn diese Tiere geschlechtsreif werden, schwärmen sie aus dem Nest aus, und der Lebenszyklus beginnt von Neuem.

LEBENSZYKLUS

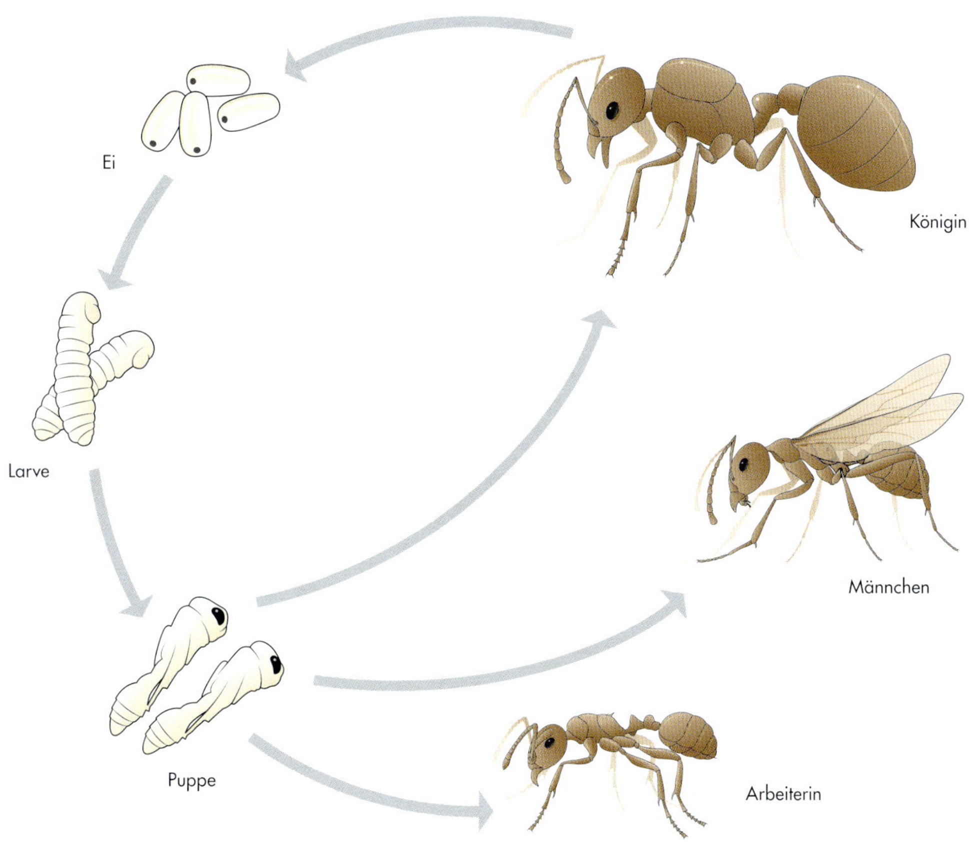

OBEN: Zwei Königinnen der Wohlriechenden Hausameise *(Tapinoma sessile)* mit deutlichen Flügelnarben. Diese Art bildet polygyne Kolonien mit mehr als einer einzigen Königin.

GEGENÜBER: Die Männchen einer Blattschneiderameisenart *(Acromyrmex versicolor)* bilden in der Luft einen Schwarm und warten darauf, dass die unbegatteten Königinnen zu ihnen stoßen.

OBEN: Eine Königin der Schwarzen Wegameise *(Lasius niger)* mit ausgebreiteten Antennen überprüft ihre Umgebung vielleicht darauf, ob die richtigen Umweltbedingungen für einen Hochzeitsflug herrschen.

RECHTS: *Oecophylla*-Königinnen haben ein massiges Mesosoma, vollgepackt mit Flugmuskulatur, die verdaut wird, um die Energie für die Fütterung der ersten Arbeitergeneration zu liefern.

LOVE IS IN THE AIR

Da der Hochzeitsflug für die meisten Ameisenarten das wichtigste Paarungsereignis ist, ist es entscheidend für jede Art, den Zeitpunkt des Ausschwärmens zwischen verschiedenen Kolonien derselben Spezies zu synchronisieren, um sicherzustellen, dass sich die schwärmenden Männchen und die unbegatteten Königinnen auch tatsächlich treffen. Geschlüpfte Königinnen und Männchen sterben in der Regel wenige Stunden nach Verlassen ihres Heimatnests, wenn sie keinen Geschlechtspartner finden. Einige Arten können innerhalb von weniger als einer Stunde mehrere Tausend Königinnen freisetzen, eine bedeutende energetische Investition. Da die Synchronisation des Hochzeitflugs also derart wichtig ist und die Kosten eines Fehlschlags derart hoch sind, haben Ameisen eine ganze Reihe von verhaltensbiologischen und chemischen Merkmalen entwickelt, um erfolgreiche Paarungsflüge sicherzustellen. Oft löst ein starker Umweltreiz das Ausschwärmen von Männchen und unbegatteten Königinnen aus ihren Kolonien aus. Relativ starke Regenfälle sind ein solches Schlüsselsignal, denn dann ist die Lage günstig für die Gründung neuer Nester, vor allem in sonst trockenen Habitaten. Ein weiterer Mechanismus ist die Freisetzung von Pheromonen durch die schwärmenden Männchen, deren Duft so intensiv sein kann, dass selbst Menschen ihn riechen, und sicherlich stark genug, um unbegattete Königinnen aus ihrem Nest zu locken. Um eine irrtümliche Paarung zwischen eng verwandten Arten zu vermeiden,

die in Nachbarhabitaten leben, paaren sich einige Arten Beobachtungen zufolge in den spezifischen Habitattypen, in denen sie nisten, fast ausschließlich an ganz bestimmten Stellen, wodurch die Geschlechtstiere einer jeden Art räumlich voneinander getrennt werden.

Die Königinnen einiger Arten, zum Beispiel von Blattschneiderameisen, können sich auf dem Hochzeitsflug mit mehreren Männchen paaren. Das führt zu einer polyandrischen Kolonie, in der die Arbeiterinnen weniger eng miteinander verwandt sind als gewöhnlich, da sie zwar alle dieselbe Mutter haben, aber unter Umständen einen anderen Vater. Die männliche Linie (Patrilinearität) von Arbeiterinnen lässt sich mithilfe populationsgenetischer Methoden untersuchen und vergleichen, doch ohne solche Techniken kann es schwierig oder gar unmöglich sein festzustellen, ob die Königin einer Kolonie mit einem einzigen oder mit mehreren Männchen kopuliert hat. Die Paarung von Königinnen mit mehreren Männchen könnte dazu dienen, vor allem bei Arten mit einem hohen Inzuchtrisiko die genetische Variabilität in einer Population zu erhöhen, was Anpassungsfähigkeit und Überlebensrate auf lange Sicht steigern könnte. Die Erforschung von Natur und Ausmaß der Polyandrie bei Ameisen steckt jedoch noch in den Kinderschuhen, was teilweise auch daran liegt, dass die dazu nötigen genetischen Techniken zuvor noch nicht verfügbar waren. Daher haben wir über die Ursachen und Konsequenzen dieses Phänomens noch viel zu lernen.

ALTERNATIVE STRATEGIEN

Am anderen Ende des Spektrums, von der Polyandrie aus gesehen, stehen Arten, deren Königinnen keine Hochzeitsflüge unternehmen, weil sie sich gar nicht mit Männchen paaren. Vielmehr können diese Königinnen nicht nur Männchen, sondern auch Weibchen aus unbefruchteten Eiern erzeugen. Der Mechanismus, der das ermöglicht, wird als Parthenogenese (Jungfernzeugung) bezeichnet und unterscheidet sich zwischen verschiedenen Arten. Bei einigen Arten, die die Arbeiterinnenkaste parthenogenetisch erzeugen, sind die entstehenden Arbeiterinnen Klone der Königin. Es gibt auch einige wenige Arten, die sich beim Einsatz von Parthenogenese selbst innerhalb einer einzigen Kolonie unterscheiden. Die europäische Schuppenameise *Cataglyphis cursor* beispielsweise erzeugt Königinnen per Parthenogenese, aber Arbeiterinnen durch sexuelle Fortpflanzung (also mittels Spermien, die sie auf dem Hochzeitsflug gesammelt hat). Die wohl bizarrste Fortpflanzungsstrategie findet sich bei der Kleinen Feuerameise *(Wasmannia auropunctata)*. Bei dieser Art werden die Königinnen parthenogenetisch erzeugt, haben also keinen Vater. Männchen entstehen hingegen aus befruchteten Eiern (was bei Ameisen ungewöhnlich ist), aber solchen, bei denen das geneti-

LINKS: Ameisenköniginnen sind in der Regel deutlich größer als Männchen; diese haben ein sehr kurzes Leben, das ausschließlich auf den Paarungsakt ausgerichtet ist.

UNTEN: Einige Ameisenköniginnen paaren sich mit mehreren Männchen, bevor sie eine Kolonie gründen. Dieses Verhalten könnte hier zu sehen sein, da die Königin ihre Flügel schon fast völlig abgestreift hat.

RECHTS: In Kolonien der Kleinen Feuerameise *(Wasmannia auropunctata)* werden neue Königinnen durch Parthenogenese erzeugt, eine Form der eingeschlechtlichen Vermehrung.

sche Material des Weibchens durch einen genetischen Mechanismus in der Zygote entfernt wird. Daher haben Männchen keine genetische Mutter, sondern nur einen Vater. Die sterilen Arbeiterinnen schlüpfen aus befruchteten Eiern, in denen das genetische Material der Mutter erhalten bleibt. Das höchst ungewöhnliche Ergebnis dieses Systems führt dazu, dass diese Art genetisch völlig eigenständige Linien von reproduktiven Männchen und Weibchen enthält.

KOLONIEGRÜNDUNG – VARIATIONEN EINES THEMAS

Die Koloniegründung ist ein kritisches und vulnerables Stadium im Lebenszyklus einer Ameisenkolonie. In diesem Stadium sind Königinnen durch Prädatoren und Wetterbedingungen hohen Risiken ausgesetzt, und das ohne den Schutz von Arbeiterinnen, deren Merkmale ihnen nach Etablierung der Kolonie als sogenannter erweiterter Phänotyp (Merkmale, die bei einem Organismus zum Nutzen eines anderen Organismus exprimiert werden) dienen. Sollte die Königin überleben, sucht sie nach einem geeigneten Nistplatz, eine Entscheidung, die von Art zu Art variiert, je nachdem, an welches Mikrohabitat die Art gut angepasst ist. Viele Arten, die in einem Laubstreuhabitat nisten, bevorzugen vermodernde Holzstämme als Nistort, weil dort die Bodenfeuchtigkeit und die potenzielle, bereits existierende Struktur ideal für sie sind. Ameisen, die unter oder zwischen Blättern ihr Nest bauen, wie einige *Polyrhachis-* und *Dolichoderus-*Arten, suchen vielleicht nach den richtigen Blättern, die so groß und kräftig und so formbar sind, dass sich daraus ein Nest bauen lässt oder eine Neststruktur gestützt werden kann. Bei in dünnen Zweigen nistenden Ameisen, wie *Cephalotes-*Arten, suchen die Königinnen nach Zweigen, die bereits Löcher von holzbohrenden Käfern aufweisen; die am stärksten spezialisierten Arten achten sogar darauf, dass diese Löcher genau zu den runden Köpfen passen, mit denen Königinnen und Soldatinnen die Nestöffnungen verschließen, um das Nest zu schützen.

Zwar ist die Solo-Gründung einer Kolonie via Einzelnest das häufigste Verhalten, das man bei Ameisen findet, doch es gibt viele Variationen dieses Grundthemas. Bei einigen Arten arbeiten nichtverwandte Königinnen zusammen, um eine Kolonie zu gründen, ein Verhalten, das man als Pleometrose bezeichnet. Nachdem eine Kolonie per Pleometrose gegründet worden ist, darf in der Regel nur eine einzige dominante Königin überleben; die anderen werden umgebracht oder aus der Kolonie verstoßen. Die Honigtopfameise *Myrmecocystus mimicus* folgt diesem Muster. Alternativ können die zahlreichen Königinnen gemeinsam eine polygyne Kolonie (eine Kolonie mit mehr als einer einzigen Königin) bilden, wie es bei der Schwarzen Rossameise *(Camponotus herculeanus)* oder bei *Iridomyrmex purpureus* vorkommt. Polygyne Kolonien können sich auch bei Arten bilden, die begatteten Königinnen nachträglich gestatten, sich der bereits etablierten Kolonie anzuschließen, oder wenn separate Kolonien miteinander zu einer einzigen Kolonie verschmelzen, obgleich so etwas selten ist.

Die Bildung polygyner Kolonien könnte mehrere Vorteile, aber auch Nachteile gegenüber dem Standardmodell mit einer einzigen Königin haben. Die kollektive Gründung einer Kolonie kann effizienter sein und eine höhere Erfolgsrate haben als eine Einzelgründung. Wenn die Königin in monogynen Kolonien stirbt, stirbt die ganze Kolonie nach und nach aus, denn nach dem Tod der alten Arbeiterinnen werden keine neuen Arbeiterinnen nachgeliefert. Polygyne Kolonien können hingegen eine oder auch zwei Königinnen verlieren und einfach mit den verbliebenen

LINKS: Weberameisenköniginnen können gemeinsam eine Kolonie gründen und sogar ihr erstes Gelege auf einem Blatt gemeinsam verteidigen.

LINKS: Die Schuppenameise *Aphaenogaster fulva* hat oft epigäische (oberirdische) Nester. Hier haben die Ameisen ihre Kolonie in einem umgestürzten, vermodernden Baumstamm eingerichtet.

UNTEN: Ausgeworfene Erde bildet die typischen Ameisenhügel, die unterirdische Nester umgeben.

Königinnen weitermachen. Zudem erzeugen polygyne Kolonien möglicherweise im Durchschnitt eine größere Population an Arbeiterinnen als monogyne Kolonien, da sie über mehr fortpflanzungsfähige Individuen verfügen. Dennoch stehen polygyne Kolonien vor einer grundsätzlichen Schwierigkeit, die wahrscheinlich ihre relative Seltenheit bei Ameisen erklärt. Die Arbeiterinnen, die jede Königin erzeugt, gehören unterschiedlichen genetischen Linien an, was zu Interessenskonflikten führen kann, vor allem, wenn unterschiedliche Königinnen verschiedene Merkmale im Hinblick auf die Zahl der erzeugten Arbeiterinnen oder im Verhältnis von Arbeiterinnen zu Geschlechtstieren aufweisen. Diese Unterschiede könnten zu einem Zusammenbruch der Kooperation führen, weil einige Linien mehr von dem polygynen Arrangement profitieren und die anderen Linien überholen und schließlich ersetzen, was im Endeffekt zu einer monogynen Population führt. Daher sollte eine polygyne Koloniegründung nur dann von Dauer sein, wenn der gegenseitige Nutzen die Kosten für einige der Königinnenlinien übersteigt.

Ameisenarten unterscheiden sich in der Anzahl von eigenständigen Nestern, aus denen eine Kolonie besteht. Kolonien, die

LINKS: *Aphaenogaster*-Ameisen können mit ihren Kolonie möglicherweise häufig umziehen, um Prädatoren aus dem Weg zu gehen oder um neue Nahrungsquellen aufzutun.

GEGENÜBER: Zeitweilige „Biwak"-Nester aus den Körpern der Arbeiterinnen zu formen, kommt der nomadischen Lebensweise von Wanderameisen entgegen.

nur aus einem Nest bestehen, werden als monodom bezeichnet, solche mit vielen Nestern hingegen als polydom (Syn.: polycalisch). Am Boden sind polydome Kolonien über mehrere separate Kammern oder Hügel verteilt, die nicht direkt miteinander verbunden sind und hinsichtlich des Koloniezusammenhalts primär auf chemischer Kommunikation zwischen den Nestern basieren. Eine einzelne Waldameisenkolonie kann aus vielen Hundert separaten Nestern bestehenBei arborealen Arten besiedeln solche Kolonien oft einen einzelnen Baum, verteilt zwischen Zweigen, Stammabschnitten oder errichteten Baumnestern. Eine einzelne arboreale polydome Kolonie bei Weberameisen wie *Oecophylla* kann zahlreiche Bäume umfassen, wobei die Kommunikation durch die Berührung von Zweigen oder Ranken aufrechterhalten wird, die eine Brücke zwischen einzelnen Bäumen schaffen. Wie Polygynie hat eine polydome Koloniegründung den Vorteil der Redundanz, denn die Zerstörung eines einzigen Nests bedeutet nicht den Untergang der ganzen Kolonie. Polydomie beinhaltet zudem die Fähigkeit, größere Kolonien zu bilden, die monodome Ameisen möglicherweise besser durch direkte Konkurrenz oder Ressourcendominanz zurückdrängen können. Eine große Herausforderung, der sich polydome Arten im Vergleich zu monodomen Arten gegenübersehen, ist jedoch die Kommunikation zwischen Arbeiterinnen wie auch zwischen den Königinnen und den Arbeiterinnen, die querbeet über die ganz Kolonie verstreut sind (siehe „Kasten bei Ameisen", Seite 94).

MIT DEM NEST UMZIEHEN

Von einer Ameisenkolonie gebaute Nester sind gewöhnlich über die Lebenszeit der Kolonie stabil, wenn das ursprüngliche Nest vielleicht auch gelegentlich erweitert oder angepasst wird. Bei einigen Arten werden die Kolonien jedoch regelmäßig an andere Nistplätze verlagert. Diese Umzüge können bei der Ernteameise *Pogonomyrmex badius* bis zu vier Mal pro Jahr stattfinden, bei der Knotenameise *Aphaenogaster araneoides* sogar einmal pro Woche. Umweltbedingte Belastungen wie heftige Regenfälle oder eine steigende Tide kann Ameisen dazu zwingen, ihre Nester zu verlagern, um nicht zu ertrinken oder um anderen lebensgefährlichen Risiken auszuweichen. Abgesehen von Umzügen, die durch Umweltbedingungen erzwungen werden, hilft die Verlagerung von Nestern einer Art wahrscheinlich, Fressfeinden auszuweichen, die sich sonst vielleicht an den Standort stabiler Ameisennester erinnern und das Überleben der Kolonie einem größeren Risiko aussetzen. Ein Umzug könnte auch die Chancen erhöhen, neue Nahrungsquellen zu erschließen, vor allem für Arten, die sich auf der Nahrungssuche nicht weit vom Nest entfernen. Interessanterweise spricht die aktuelle Forschung dafür, dass die Dichte von Ameisenkolonien trotz des konkurrenzbetonten Verhaltens und der aggressiven territorialen Kontrolle vieler Ameisenarten keine Triebfeder für einen Umzug des Nests ist.

NOMADEN

Bei nomadischen Spezies wie den berühmt-berüchtigten Wanderameisen unterscheidet sich die Koloniegründung wesentlich von der typischen Form, denn diese Arten bauen keine echten Nester. Während Kolonien vielleicht temporäre „Biwaks" nutzen – lebende, aus den Körpern der Arbeiterinnen gebildete zeltartige Strukturen, um Königin und Brut zu schützen –, richten die Königinnen keine echten Nester ein. Da Wanderameisenköniginnen flügellos sind, unternehmen sie auch keine Hochzeitsflüge, sondern warten auf die Ankunft von Männchen, die von anderen nomadischen Kolonien in ihre Kolonie (die monogyn oder polygyn sein kann) einfliegen. Wie entstehen dann neue Kolonien? Diese Arten haben im Lauf ihrer Evolution als Alternative den bemerkenswerten Prozess der Kolonieaufspaltung *(fission)* entwickelt. Wenn nomadische Kolonien an Größe zunehmen, erreichen sie irgendwann eine Schwelle, an der sie sich in zwei oder mehr Gruppen aufspalten. Aufgrund chemischer Schlüsselreize schließen sich verschiedene Gruppen von Arbeiterinnen mit verschiedenen neu produzierten, unbegatteten Königinnen zusammen. Manchmal bleiben die alte Königin oder die alten Königinnen mit einem Teil der Arbeiterinnen zurück, doch es kommt auch vor, dass sie ausgeschlossen werden. In letzterem Fall führt eine jeweils andere, unbegattete Königin jede einzelne Kolonie.

GESCHLECHTSBESTIMMUNG UND EUSOZIALITÄT

Anders als bei Säugetieren, wo die Geschlechtsbestimmung auf bestimmten, eigenständigen Geschlechtschromosomen basiert, kontrolliert bei Ameisen die Königin, ob sich ein Ei zu einem Männchen oder einem Weibchen entwickelt. Wenn sie ein Ei mit dem in ihrer Samenblase gespeicherten Sperma befruchtet, entwickelt es sich zu einem Weibchen, ein unbefruchtetes Ei hingegen zu einem Männchen. Diese Art der Geschlechtsbestimmung wird als Haplodiploidie bezeichnet und tritt bei allen Hymenopteren (Bienen, Taillenwespen, Ameisen und Pflanzenwespen) wie auch bei anderen Insektenarten, Milben, Nematoden und Rädertierchen auf. Die Weibchen sind diploid, haben also zwei Chromosomensätze, da sie sich aus einem befruchteten Ei entwickeln und daher jeweils einen Chromosomensatz von ihrer Mutter und von ihrem Vater erben. Männchen sind haploid und haben nur einen einzigen Chromosomensatz, den sie von ihrer Mutter erben. Über diesen einheitlichen Mechanismus der Geschlechtsbestimmung hinaus, der auf der Anzahl der Chromosomen basiert, zeigen Ameisen eine extrem große Spannbreite, was die Gesamtzahl ihrer Chromosomen angeht, von einem einzigen Chromosom bei der in Australien heimischen *Myrmecia croslandi* bis zu der neotropischen, im Amazonasgebiet heimischen *Dinoponera lucida* mit 60 Chromosomen.

Bei der haplodiploiden Reproduktion erzeugt ein haploides Männchen genetisch identische Spermien, da ein Männchen ja nur über einen einzigen Chromosomensatz verfügt und es daher nicht zu einem genetischen Crossover kommt. Angenommen, die Königin paart sich nur mit einem einzigen Männchen, erben alle Töchter 100 Prozent der väterlichen Chromosomen. Das führt zu Töchtern, die zu 75 Prozent verwandt sind statt zu 50 Prozent, wie es bei Schwestern im Rahmen einer diploiden Reproduktion (wie beim Menschen) der Fall ist (wo alle Nachkommen jeweils eine zufällig ausgewählte Hälfte des Genoms vom Vater wie auch von der Mutter erben). Es wird vermutet, dass die enge Verwandtschaft zwischen Schwestern – die die Arbeiterinnen einer Kolonie bilden – ein Mechanismus ist, durch den sich Eusozialität entwickelte.

Eusozialität gilt unter Biolog:innen als die höchste Form der Sozialität und umfasst einen Komplex von drei kennzeichnenden Verhaltensweisen. Erstens kümmern sich adulte Tiere um Nachkommen, die nicht ihre eigenen sind. Im Fall von Ameisen kümmern sich die Arbeiterinnen um die Eier, Larven und Puppen der Königin. Zweitens gibt es überlappende Generationen innerhalb einer Kolonie, das heißt, adulte Ameisen kümmern sich um die nächste Generation, die ihrerseits nach Erreichen des Erwachsenenalters in der Kolonie verbleibt und sich um die folgende Generation kümmert. Und drittens gibt es eine Arbeitsteilung mit eierlegenden Königinnen und mit Arbeiterinnen, die entweder steril sind oder sich aus anderen Gründen nicht fortpflanzen. Die Tatsache, dass das haplodiploide Reproduktionssystem zu Ameisenarbeiterinnen führt, die enger miteinander verwandt sind, als sie es mit ihrem eigenen Nachwuchs wären, wenn sie welchen hätten, könnte die Evolution von eusozialem Verhalten ermöglicht haben, bei dem einige Adulttiere sich um die nächste Generation an Eiern kümmern, statt selbst Eier zu legen. Zudem könnte sich Eusozialität – mit allen drei Verhaltensweisen – über Zwischenstadien entwickelt haben. Es gibt bei Hymenopteren und anderen

LINKS: Allein in der Gattung *Myrmecia* variiert die Anzahl der diploiden Chromosomen bei den einzelnen Arten zwischen 1 und 32.

GEGENÜBER OBEN LINKS: Wenn Arbeiterinnen Eier legen, sind diese unbefruchtet und entwickeln sich zu haploiden Männchen. Das Schicksal der Eier, die von einer Königin gelegt werden, hängt davon ab, ob sie befruchtet werden oder nicht.

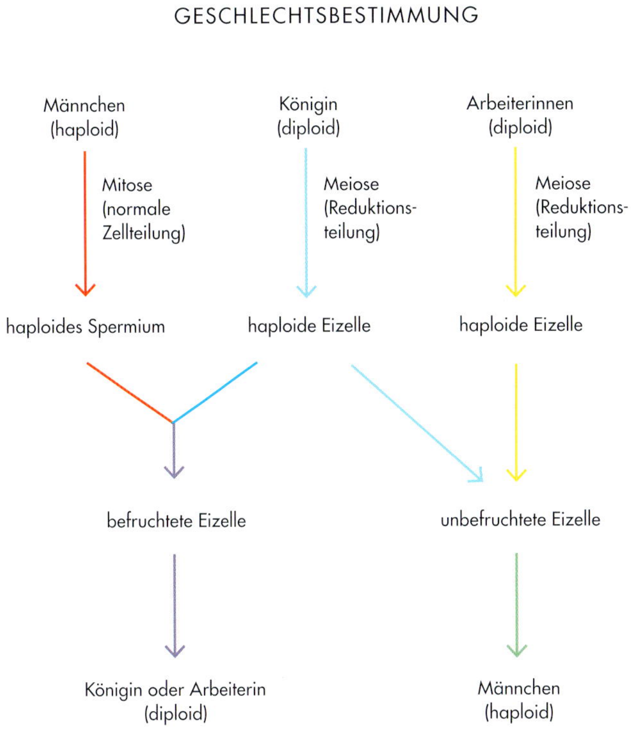

taxonomischen Gruppen zahlreiche Beispiele für intermediäre Sozialität. Diese intermediären Typen, die als subsozial, kommunal, quasisozial und semisozial bezeichnet werden, sind durch einige der oben aufgeführten sozialen Verhaltensweisen (einer Teilmenge des eusozialen Verhaltens) gekennzeichnet. Auch wenn zur Entwicklung von Eusozalität zahlreiche Schritte nötig sind, handelt es sich offenbar um eine Strategie, die häufig eusoziale Arten mit einer Anpassungsfähigkeit und Stabilität hervorbringt, welche in einer Vielzahl von Umgebungen und Habitaten zum ökologischen Erfolg führen.

OBEN RECHTS: Variationen in der Chromosomenzahl, die in *Dinoponera-lucida*-Populationen gefunden wurden, könnten auf eine kürzlich erfolgte kryptische (verborgene) Speziation hinweisen.

RECHTS: Die neotropische, im Amazonasgebiet heimische *Dinoponera lucida* hat bis zu 60 Chromosomen.

KASTEN BEI AMEISEN

Arbeitsteilung ist ein entscheidendes Kennzeichen aller eusozialen Arten, und das gilt besonders für Ameisen. In einer typischen Ameisenkolonie werden die drei wichtigsten Formen, die unterschiedliche Rollen übernehmen, als „Kasten" bezeichnet. Dieser Begriff hat eine andere Bedeutung als in der menschlichen Kultur und Gesellschaft. Bei Ameisen sind die Kasten das fortpflanzungsfähige Weibchen (Königin), die fortpflanzungsfähigen Männchen und die sich nicht fortpflanzenden Weibchen (Arbeiterinnen). Die Arbeiterkaste kann weiter in Unterkasten unterteilt sein. Solche Arbeiterunterkasten übernehmen in der Kolonie unterschiedliche Rollen, darunter Nahrungssuche, Brutpflege, Verteidigung der Kolonie und Weiterverarbeitung von Nahrung. Durch Entwicklung dieser Arbeitsteilung in der Arbeiterkaste können Ameisenarten eine breite Palette von Ressourcen in ihrer Umgebung nutzen und sich besser gegen Prädatoren, Konkurrenten oder umweltbedingte Stressoren zur Wehr setzen, die ihnen das Überleben in einigen Lebensräumen sonst unmöglich machen würden.

Die strikte Trennung zwischen reproduktiven und nichtreproduktiven Kasten wird durch mehrere Mechanismen aufrechterhalten, die sich je nach Art unterscheiden. Ob aus einem Weibchen eine unbegattetet Königin oder eine Arbeiterin wird, wird in der Embryonalentwicklung von umwelt- wie auch genetischen Faktoren entschieden. Früher nahm man an, dass nichtgenetische, umweltgegebene Faktoren – wie der Proteingehalt der an die Brut verfütterten Nahrung – die wichtigsten Determinanten dafür seien, in welcher Kaste ein Individuum landete. Wie neuere Studien jedoch gezeigt haben, spielen auch Gene dabei eine wichtige Rolle, zumindest bei Arten wie *Temnothorax longispinosus.* Adulte Arbeiterinnen einiger Ameisenarten, darunter solche in der hyperdiversen Gattung *Pheidole,* sind vollständig steril, das heißt, sie können selbst in Abwesenheit der Königin keine Eier legen. Bei den meisten Arten sind Arbeiterinnen in der Lage, lebensfähige unbefruchtete Eier zu legen, doch dies wird hauptsächlich durch zwei Mechanismen unterdrückt: die Freisetzung von Pheromonen durch die Königin und ein Verhalten, das als „*worker policing*" bezeichnet wird, also die Überwachung bzw. Kontrolle durch Nestgenossinnen.

Die Unterdrückung der Fortpflanzung von Arbeiterinnen durch Pheromone der Königin ist ein geschickter Mechanismus, der sowohl sicherstellt, dass die erzeugten Nachkommen allein diejenigen der Königin sind, als auch für den Fall vorsorgt, dass die Königin sterben sollte. Solange sie präsent ist, setzt die fertile Königin ständig chemische Stoffe frei, die die Eiablage von Arbeiterinnen unterdrücken; das ist im Allgemeinen effektiv, stößt aber bei polydomen Kolonien mit mehreren eigenständigen Nestern aufgrund der Koloniegröße an ihre Grenzen. In derart großen Kolonien sind die Arbeiterinnen in sekundären Nestern, wo die Königin nicht präsent ist, unter Umständen niedrigeren Dosen des königlichen Pheromons ausgesetzt; daher ist das Risi-

RECHTS: *Pogonomyrmex badius* ist insofern einzigartig unter den nordamerikanischen Ernteameisen, als sie eine polymorphe Arbeiterunterklasse hat. In dieser Abbildung ist neben der dealaten Königin nur eine Minor-Arbeiterin zu sehen.

ko größer, dass sie Ovarien entwickeln und mit der Eiablage beginnen. Das bringt Kosten für die Kolonie mit sich, denn wie sich gezeigt hat, sind eierlegende Arbeiterinnen bei der Ausübung anderer notwendiger Aufgaben (wie Brutpflege und Nahrungssuche) weniger produktiv als sterile Arbeiterinnen. Da sich die Arbeiterinnen zudem nicht mit Männchen gepaart haben, sind all ihre Eier unbefruchtet und werden dem haplodiploiden System zufolge zu Männchen statt zu Arbeiterinnen oder zu unbegatteten Königinnen. Diese Produktion von Männchen kann sich

RECHTS: Eine *Odontoponera*-Arbeiterin packt eine rebellische Schwester aggressiv und zieht sie fort, um sie von der Eiablage abzuhalten, offensichtlich ein „Policing"- oder Kontrollverhalten.

UNTEN: In einigen temperaten Wäldern sind Ameisenhügel von Waldameinsen (Gattung *Formica*) auffällige Gebilde.

jedoch als nützlich erweisen, wenn die Königin stirbt. Nach dem Tod der Königin verliert eine Ameisenkolonie mit völlig sterilen Arbeiterinnen jede Fähigkeit, weitere Arbeiterinnen, Königinnen und Männchen zu erzeugen, und ist damit ökologisch tot, selbst wenn einige Arbeiterinnen noch eine Weile weiterleben. Wenn die Arbeiterinnen jedoch nicht völlig steril sind und in Abwesenheit der königlichen Pheromone unbefruchtete Eier legen können, können einige Gene der Kolonie durch männliche Nachkommen weiterhin an die nächste Generation weitegegeben werden, auch wenn die Kolonie ohne den Ersatz von Arbeiterinnen durch die verstorbene Königin langfristig zum Aussterben verurteilt ist.

UNTEN: Der Dimorphismus in der Arbeiterkaste von *Pheidole megacephala* ist stark ausgeprägt; der lateinische Artname *megacephala* bedeutet „großköpfig" und erscheint auf jeden Fall für die Major-Arbeiterin gerechtfertigt.

WORKER POLICING: ÜBERWACHUNG VON ARBEITERINNEN DURCH NESTGENOSSINNEN

Solange die Königin lebt, überwachen die Arbeiterinnen einiger Arten ihre Nestgenossinnen, um sie von der Ablage unbefruchteter Eier abzuhalten. Das ist eine Form des sozialen Zwangs, um zu verhindern, dass einzelne Mitglieder der Kolonie von dem abweichen, was am besten für die ganze Gemeinschaft ist. Arbeiterinnen, die *Policing* betreiben, greifen eine Arbeiterin, die Ovarialaktivität zu zeigen beginnt, körperlich an, was dazu führt, dass diese Aktivität bei der Angegriffenen unterdrückt wird. Wenn eine derartige Überwachung ungenügend ist und manche rebellische Nestgenossinnen dennoch einige unbefruchtete Eier legen, fressen die Überwacherinnen diese Eier einfach auf. Interessanterweise spricht bei der Ponerinae-Gattung *Diacamma* einiges dafür, dass die Intensität der Arbeiterinnen-Überwachung mit dem reproduktiven Zustand der Kolonie zusammenhängt. Wenn die Kolonie noch klein ist und noch keine volle Belegschaft

an Arbeiterinnen existiert, ist die Überwachung besonders streng. Das erscheint plausibel, denn die Produktion von Männchen anstatt Arbeiterinnen würde sich in diesem Stadium besonders negativ auf die Fitness der ganzen Kolonie auswirken. Ist die Kolonie hingegen voll ausgereift, ist der negative Einfluss einer gewissen Zahl von Arbeiterinnen produzierter Männchen geringer und kann den relativen genetischen Beitrag der Kolonie zur nächsten Generation sogar erhöhen; daher wird die Überwachung weniger streng. Neuere Forschungen an der wüstenbewohnenden

OBEN: *Cephalotes-varians*-Ameisen haben im Rahmen der Arbeitsteilung Soldatinnen mit runden Köpfen entwickelt, die das Nest verteidigen, während kleinere Minor-Arbeiterinnen Pollen sammeln.

RECHTS: Die Köpfe von Soldatinnen einiger *Celophates*-Arten sind in ihrer Form nicht perfekt als „Stöpsel" für den Nesteingang geeignet, und es können mehrere Individuen nötig sein, um eine einzelne Öffnung vollständig zu blockieren.

OBEN: Eine *Eciton-burchellii*-Arbeiterin schleppt ein langes Insektenbein. Eine starke Unterteilung der Arbeiterkasten bei Wanderameisen erleichtert den Transport von Beuteteilen, die sich in ihrer Form beträchtlich unterscheiden.

Ameise *Novomessor cockerelli* sprechen zudem dafür, dass neben der direkten Überwachung auch chemische Verbindungen auf der Kutikula von Larven zur Unterdrückung der Reproduktion von Arbeiterinnen beitragen. Die Arbeiterinnen in polydomen Kolonien verteilen Larven im ganzen Nest, daher könnte dieses Verhalten ebenfalls die Reproduktion von Arbeiterinnen in derart großen Kolonien verhindern.

POLYMORPHISMUS

Natürlich haben Arbeiterinnen in der Kolonie viel mehr Aufgaben, als ihre Schwestern von unerwünschter Eiablage abzuhalten. Eine Arbeiterin kann im Lauf ihres Lebens zahlreiche Aufgaben übernehmen, von der Pflege der Königin und der Brut bis zur Verteidigung der Kolonie, Nestausbesserung und Nahrungssuche – oft sind es die ältesten Arbeiterinnen, die auf Nahrungssuche gehen. In einigen Fällen produzieren Arten mehrere Arbeiter-Unterkasten, die sich in Größe und Aussehen unterscheiden, wie es ihre jeweiligen Rollen erfordern. Das bezeichnet man als „Polymorphismus"; meist sind es zwei Unterklassen, und man spricht von „Dimorphismus". Bei zahlreichen polymorphen oder dimorphen Arten dienen einige größere und aggressivere Arbeiterinnen innerhalb und außerhalb des Nests als Soldatinnen, während ihre kleineren Schwestern auf Nahrungssuche gehen und sich um die Brut kümmern. Soldatinnen haben in der Regel im Vergleich zu gewöhnlichen Arbeiterinnen einen sehr großen Kopf, der Platz für mehr Muskulatur bietet und kräftigere Mandibeln bewegen kann oder auch einfach einschüchternder auf Konkurrenten und Prädatoren wirkt. Die afrikanische *Pheidole megacephala* ist, wie ihr lateinischer Artname *megacephala* (großköpfig) schon andeutet, ein besonders gutes Beispiel für Dimoprphismus bei Arbeiterinnen. Manchmal ist die Soldaten-Unterkaste wie bei *Cephalotes*-Arten eher defensiv als offensiv, und die Soldatinnen halten Feinde vom Eindringen ins Nest ab, indem sie die Zugänge mit ihrem Körper blockieren.

Bei Arten mit einer entweder spezialisierten oder abwechslungsreichen Ernährung erleichtert die Produktion einer polymorphen Arbeiterklasse im Vergleich zu monomorphen (einförmigen) Arten den Konsum einer breiten Palette von

Nahrungsmitteln – einschließlich solcher, die gewöhnlich schwer zugänglich sind. Auch wenn jede Unterkaste stärker auf gewisse Aufgaben spezialisiert sein mag und daher nicht in der Lage ist, so viele Aufgaben wie die Arbeiterinnen monomorpher Arten zu übernehmen, kann eine polymorphe Arbeiterschaft diesen Nachteil durch die Breite ihrer Nahrungspalette oder eine besondere Effizienz bei der Nutzung einer bestimmten Nahrungsressource überkommen. Die Arbeiterkaste bei *Eciton*-Wanderameisenarten ist hoch polymorph, was direkt zur Fähigkeit dieser Ameisenkolonien beiträgt, ein sehr breites Spektrum an Beutetieren und Beuteteilen zu transportieren und zu konsumieren. Am anderen Ende des Spektrums haben sich Blattschneiderameisen der Gattung *Atta* auf eine ganz besondere Ernährung spezialisiert, die verlangt, dass sie Pilze mit gemulchten Blättern füttern, die die Arbeiterinnen finden, abtrennen, sammeln und zurück zum Nest transportieren müssen. Wie Wanderameisen haben diese Arten jedoch ebenfalls eine hoch polymorphe Arbeiterkaste, denn das Sammeln von Blättern und die erfolgreiche Zucht der Pilze erfordern Unterkasten, die gut an sehr unterschiedliche, aber gleichermaßen notwendige Rollen angepasst sind. Eine potenzielle Herausforderung für polymorphe Kolonien ist die geringere Redundanz in jeder Unterkaste; daher kann der Verlust einer einzigen Arbeiterin einen stärkeren negativen Einfluss haben als bei monomorphen Kolonien. Polymorphe Kolonien können auch unter Energieverlust oder Vergeudung leiden, wenn zum Beispiel im Vergleich zu futtersuchenden Arbeiterinnen zu viele Soldatinnen produziert werden.

UNTEN: Das Ausmaß der Arbeitsteilung bei Blattschneiderameisen ist wohl beispiellos. Arbeiterinnen, die Blätter schneiden, unterscheiden sich von denjenigen, die die Ente zurück zum Nest tragen.

UNTEN RECHTS: Arbeiterinnen von *Formica*-Waldameisen können polymorph sein, produzieren aber keine eigenständigen Arbeiterunterkasten. Sie gehen oft einzeln auf Nahrungssuche.

AUSBEUTUNG FREMDER ARBEITERINNEN

Einige Ameisenarten haben im Lauf ihrer Evolution Strategien entwickelt, die Arbeit von Kolonien anderer Arten auszubeuten. Dieses Verhalten, das als Sozialparasitismus bezeichnet wird, kann mehrere Formen annehmen.

Dulotische (Sklaven haltende) Ameisen bilden eine Hauptkategorie von Sozialparasiten. Die Arbeiterinnen der bekanntesten Sklaven haltenden Ameisen, der Amazonenameisen (nach den Amazonen der griechischen Sagenwelt; Gattung *Polyergus*), sind ausschließlich Soldatinnen, die nicht nach Nahrung suchen können. Vielmehr sind sie darauf spezialisiert, die Nester anderer Arten zu überfallen und deren Brut in ihr eigenes Nest zu schleppen und als ihre eigene Brut aufzuziehen. Wenn die gefangene Brut aus ihren Kokons schlüpft, fahren die Tiere fort, sich um die Brut zu kümmern und nach Nahrung zu suchen, ohne sich bewusst zu sein, dass all ihre Arbeit der Kolonie einer anderen Ameisenart zugutekommt. Bei einigen Sklaven haltenden Ameisenarten wie der Blutroten Raubameise *(Formica sanguinea)* können die Arbeiterinnen, wenn nötig, alle regulären Aufgaben einer typischen Arbeiterin übernehmen, werden aber manchmal zu Kidnappern, um den Erfolg ihrer Kolonie zu erhöhen. In beiden Fällen wird die Energie, die nötig ist, um eine aggressive Soldatenkaste zu unterhalten, dadurch aufgewogen, dass keine nahrungssuchende Arbeiterkaste produziert werden muss, während die Königin von dulotischen Ameisenarten noch immer die Kosten einer Koloniegründung tragen müssen.

Ferner gibt es sogenannte temporäre Sozialparasiten. Viele dieser nicht dauerhaft parasitischen Arten benutzen Sozialparasitismus nur gelegentlich zur Nestgründung und gehen danach nicht mehr auf Raubzüge. Die Arbeiterinnen dieser Arten sind fähig, alle Aufgaben der Futtersuche und des Nestbaus selbst zu erledigen. Später gründen sie neue Kolonien durch Abspaltung von der Hauptkolonie.

LINKS: Auf einem Raubzug trägt eine *Polyergus-mexicanus*-Amazonenameise eine geraubte *Formica-subsericea*-Puppe, aus dem später eine Arbeiterin schlüpft, die, ohne es zu wissen, für ihre Kidnaper arbeiten wird.

Andere sozialparasitische Ameisenarten haben Wege entwickelt, um selbst die Kosten der Koloniegründung einzusparen. In diesen Fällen, beispielsweise bei *Temnothorax kraussei,* greift die Königin die Wirtskönigin an, tötet sie und nimmt entweder die einzigartige exoskelettale chemische Signatur der Wirtskolonie an oder setzt eigene chemische Verbindungen frei, die von den Wirtsarbeiterinnen nicht als fremd erkannt werden. Ist die Taktik erfolgreich, so lassen sich die Arbeiterinnen der Wirtskolonie täuschen, nehmen an, ihre Königin sei noch am Leben, und arbeiten weiterhin für die eingedrungene Königin und deren Brut, einschließlich der Arbeiterinnen, die die fremde Königin produziert. Die meisten der sogenannten degenerierten Formen von sozialparasitischen Ameisenarten, darunter *Temnothorax brunneus,* bestehen aus einer einzelnen Königin (Inquiline), ohne dass es Arbeiterinnen gäbe. Indem die Parasitenkönigin die Königin einer Wirtskolonie umbringt, sichert sie sich lebenslangen Schutz und Pflege durch Arbeiterinnen, die von einer anderen Königin stammen, einschließlich der Pflege ihrer Nachkommen, bei denen es sich ausschließlich um unbegattete Königinnen und Männchen handelt.

Zwar profitieren Arten, die einen solchen parasitischen Ansatz entwickelt haben, vom Ausnutzen der Arbeit anderer, doch sie stehen vor einer Herausforderung. Je aggressiver und erfolgreicher eine parasitische Ameisenart innerhalb einer bestimmten Umgebung ist, desto weniger erfolgreich sind ihre Wirtskolonien, da ihr reproduktiver Output geringer ist oder von der parasitischen Art sogar völlig eliminiert wird. Das führt in der nächsten Generation zu kleineren Populationen potenzieller Wirtsarten, was wiederum bedeutet, dass dulotische Ameisenarten weniger Optionen für ihre Sklavenhaltertaktik haben. Eine solche Dynamik könnte die Aggressivität oder Effizienz von parasitischen Ameisenarten letztlich begrenzen, denn diese Arten brauchen eine Wirtspopulation, die so groß ist, dass die parasitische Art nicht ausstirbt. Diese ultimative Abhängigkeit sozialparasitischer Arten von ihren Wirtsarten ist wahrscheinlich ein wichtiger Grund dafür, dass man eine solche Strategie nur bei einer kleinen Minderheit von Ameisenarten findet, obwohl sie sich mehrmals unabhängig voneinander entwickelt haben.

GEGENÜBER: Rötliche *Polyergus-mexicanus*-Amazonenameisen mit ihrer silbrig-schwarzen Wirtsart, *Formica argentea.*

RECHTS: Eine sozialparasitische *Temnothorax-americanus*-Kolonie (dunkelbraun) mit einer Arbeiterin der parasitierten Art *Temnothorax curvispinosus.*

MYSTRIUM

UNTERFAMILIE:	Amblyoponinae
ARTENZAHL:	14 Arten
VERBREITUNG:	Afrotropis, Australasien und Indomalayische Region
LEBENSRAUM:	Wald
NEST:	Bodennistend. In verrottendem Holz, unter Steinen.
ERNÄHRUNG:	carnivor (Prädatoren)

Mystrium-Arten sind kleine kryptische Ameisen mit Schnappkiefer, die auf dem Boden oder in der Laubstreu leben. Über ihre Ökologie ist wenig bekannt, nur dass sie Prädatoren sind und speziell Hundertfüßer erbeuten.

KÖNIGINNEN OHNE FLÜGEL

Gewöhnlich verlässt eine geflügelte Königin ihr Geburtsnest, paart sich und gründet eine unabhängige Kolonie. Bei vielen *Mystrium*-Arten entstehen neue Kolonien durch eine Abspaltung *(fission)* von der alten Kolonie, was gelegentlich auch als Knospung bezeichnet wird. Bei diesem Szenario verlassen zahlreiche Individuen das alte Nest und laufen ein kurzes Stück, um dort eine neue Kolonie zu gründen.

Verschiedene *Mystrium*-Arten können je nachdem geflügelte Königinnen, ergatoide Königinnen oder Interkasten aufweisen. Ergatoide Königinnen – ungeflügelte reproduktive Weibchen – sind kleiner als Arbeiterinnen, und ihr Thoraxumfang ist reduziert, da sie keine Flugmuskulatur haben. Sie besitzen eine funktionstüchtige Spermatheka und Eierstöcke zur Eiproduktion. Bei der Art *M. „red"* (bei der es sich gemäß einiger Forschungsarbeiten um die Art *M. voeltzkowi* handeln könnte) gibt es zahlreiche ergatoide Königinnen in einer Kolonie Sie können sich fortpflanzen und kümmern sich um die Brut, aber aufgrund ihrer geringen Körpergröße und reduzierten Mandibeln können sie nicht außerhalb des Nests nach Nahrung suchen. *M. mysticum* und *M. oberthueri* haben ebenfalls ergatoide Königinnen, die alle in der Lage sind, Nachwuchs zu zeugen, doch nur wenige Individuen der Kolonie pflanzen sich aktiv fort. *M. rogeri* hat normale Arbeiterinnen und geflügelte Königinnen, aber zudem eine Interkaste, die Merkmale von beiden aufweist. Die Mitglieder der Interkaste können Eier legen und als reproduktive Individuen der Kolonie agieren, aber im Gegensatz zu ergatoiden oder geflügelten Königinnen sind sie auch in der Lage zu kämpfen und beteiligen sich an der Verteidigung der Kolonie.

EIGENTÜMLICHE ERNÄHRUNGSGEWOHNHEITEN
Mystrium-camillae-Angehörige werden im Englischen manchmal als *Dracula Ants* („Dracula-Ameisen") bezeichnet, wegen der Angewohnheit, Hämolymphe ihrer Larven als Nahrungsquelle zu benutzen (was Details dieses Verhaltens angeht, siehe das *Stigmatomma*-Porträt auf Seite 104).

STIGMATOMMA

Diese mittelgroßen Ameisen, die weltweit in Feuchtwäldern zu finden sind, nisten im Boden oder unter vermoderndem Holz. *Stigmatomma*-Arte jagen vorwiegend unterirdisch und allein; sie haben sehr kleine Augen oder die Augen fehlen völlig. Trotz ihres geringen Sehvermögens sind sie emsige Prädatoren von bodenlebenden Arthropoden, wobei sie ihre verlängerten und gezähnten Mandibeln einsetzen. Viele Arten sind auf bodenlebende Hundertfüßer spezialisiert, die bis zu 80 Prozent ihrer Nahrung ausmachen können.

GRUSELIGE NACHWUCHSPFLEGE

Wie ihr englischer Trivialname *Dracula Ants* („Dracula-Ameisen") schon andeutet, ernährt sich diese Ameisengattung auf ungewöhnliche Weise. Ameisenköniginnen und gelegentlich auch andere Adulttiere der Kolonie trinken die Hämolymphe ihrer Larven; dieses Verhalten wird als *Larval Hemolymph Feeding* (LHF) bezeichnet. Nur Larven können sich von Teilen gefangener Beutetiere ernähren, Adulttiere können keine feste Nahrung zu sich nehmen. Wenn eine erwachsene Ameise eine Larve zur Nahrungsaufnahme nutzen will, benutzt sie ihren spezialisierten Kiefer, um das Abdomen der Larve anzustechen. Sobald die Hämolymphe – das Arthropodenäquivalent von Blut – austritt, beginnt die adulte Ameise zu trinken. LHF wird nur bei älteren Larven durchgeführt; dabei wird dasselbe Individuum mehrfach angezapft und entwickelt typische Narben à la Dracula, die aus den beiden Einstichwunden im Abdomen bestehen. Der Prozess scheint den Larven jedoch keinen langfristigen Schaden zuzufügen, denn sie entwickeln sich normal weiter. Dieses Ernährungsverhalten findet man auch bei zehn weiteren Ameisengattungen, die keineswegs alle dieselben Standardmethoden zum Abzapfen der Hämolymphe benutzen; die Larven einiger Arten besitzen eine Art Hämolymphe-Zapfhahn, sodass der Körper nicht angestochen werden muss.

UNTERFAMILIE:	Amblyoponinae
ARTENZAHL:	weltweit über 50 Arten
VERBREITUNG:	überall in Nordamerika und in einigen Ländern in Afrika, Asien und Südeuropa
LEBENSRAUM:	Feuchtwälder
NEST:	bodennistend; vor allem in der Erde oder in vermoderndem Holz.
ERNÄHRUNG:	carnivor; einige Arten sind auf den Fang von Hundertfüßern spezialisiert.

MAHLZEIT!
Eine *Stigmatomma-oregonense*-Arbeiterin zapft eine Larve an, indem sie deren Abdomen mit ihren verlängerten Mandibeln ansticht, damit Hämolymphe herausquillt.

ECITON
Wanderameisen

UNTERFAMILIE:	Dorylinae
ARTENZAHL:	12 Arten
VERBREITUNG:	Neotropis, Nordmexiko bis Nordargentinien
LEBENSRAUM:	Wälder, Sumpfregionen, Weiden
NEST:	bodennistend
ERNÄHRUNG:	carnivor, erbeutet oft andere Ameisenarten

VERTEIDIGUNGSWAFFEN
Eciton-Soldatinnen zeichnen sich durch enorm große, wie Angelhaken geformte Mandibeln aus, die als Waffe gegen große Fressfeinde eingesetzt werden.

Die Kolonien von Wanderameisen können außerordentlich groß werden und viele Hunderttausend Individuen umfassen. Neue Kolonien werden durch Abspaltung gegründet. Eine unbegattete Königin verlässt die alte Kolonie mit der Hälfte der Arbeiterinnen. In die neue Kolonie fliegen Männchen ein, die sich mit der Königin paaren. Eine begattete Königin kann im Lauf ihres Lebens 14 Millionen Eier produzieren.

BIWAKIEREN
Eine Wanderameisenkolonie weist zwei unterschiedliche Phasen auf: stationär und nomadisch. Bei *Eciton burchellii* dauert die stationäre Phase rund 20 Tage und die nomadische etwa 14 Tage. In der stationären Phase lebt die Kolonie kurzzeitig in einem temporären Nest, einem Biwak, und wandert nicht zu neuen Nestern. Das Biwak wird aus den Körpern der Arbeiterinnen erreichtet, die sich, an den Füßen hängend, mit ihren Beinen verhaken. Biwak können in offenem Gelände oder in bereits existierenden Hohlräumen angelegt werden, beispielsweise in Holzstämmen oder verlassenen Tierbauen. In der stationären Phase legt eine einzelne, begattete Königin Eier, und gelegentlich werden Raubzüge zur Nahrungsbeschaffung unternommen. In der nomadischen Phase wird die Eiablage eingestellt, die Kolonie unternimmt täglich Raubzüge, und diese Raubzüge führen schließlich zum Weiterziehen der Kolonie. Raubzüge zur Nahrungsbeschaffung können ober- oder unterirdisch erfolgen, und zwar gewöhnlich in langen Ameisenzügen; es kommt jedoch auch vor, dass die Tiere eine Front von bis zu 10 m Breite bilden. Wanderameisen erbeuten viele Arthropoden einschließlich anderer Ameisenarten. Die meisten Ameisenarten evakuieren ihre Nester, wenn sich ein Raubzug von Wanderameisen nähert, doch einige Arten, zum Beispiel *Atta*-Blattschneiderameisen, werden von den Wanderameisen ignoriert.

FORMICA
Waldameisen

Die waldbewohnenden Waldameisen der Gattung *Formica* legen unterirdische Kammern an und bilden große, mit Pflanzenmaterial gedeckte Erdhügelnester. Die Nester der Roten Waldameise *(F. rufa)* beherbergen bis zu 22 Myrmekophilen-Arten (Arten, die während eines Teils ihres Lebenszyklus auf Ameisen angewiesen sind) und 70 opportunistische Bewohner, darunter Wespen, Käfer, Fliegen und Spinnen. *Formicoxenus nitidulus* lebt ausschließlich als Gast im Inneren von *F.-rufa*-Nestern. Sie gehört zu den 1150 bedrohten Ameisenarten in Großbritannien, deren Schutz ganz oben auf der Liste steht.

SOZIALPARASITISMUS

Mehr als die Hälfte aller *Formica*-Arten sind Sozialparasiten. Bei dem temporären Sozialparasiten *F. exsecta* dringt die Königin in das Nest anderer *Formica*-Arten ein und tötet die dortige Königin. Die Arbeiterinnen der Wirtskolonie ziehen ihren Nachwuchs auf, bis die Kolonie vollständig aus parasitischen Arbeiterinnen besteht. Bei dulotischen Ameisenarten wie *F. sanguinea* beginnen die Königinnen als temporäre Sozialparasiten. Die parasitischen Arbeiterinnen einer solchen Königin überfallen benachbarte Ameisenkolonien, wo sie den Nachwuchs des Wirts gefangen nehmen und mit ihm nach Hause zurückkehren. Die gekidnappten Ameisen wachsen zu adulten Arbeiterinnen heran, die sich wie die parasitische Spezies benehmen. *F. talbotae* ist eine arbeiterlose Inquiline (permanenter Sozialparasit), die in den offenen Prärien von Nordamerika in *F.-obscuripes*-Nestern lebt. Die inquiline Königin ist völlig von ihrem Wirt abhängig, da sie keine eigenen Arbeiterinnen produziert, nur fortpflanzungsfähige Männchen und Weibchen. Sie erlaubt der Wirtskönigin, weiterzuleben und Eier zu legen. Die Arbeiterinnen des Wirts versorgen die parasitische Brut mit Nahrung und pflegen sie.

UNTERFAMILIE:	Formicinae
ARTENZAHL:	176 Arten
VERBREITUNG:	holarktisch, allesamt auf der Nordhalbkugel
LEBENSRAUM:	Waldgebiete, Wald, Grasgbiete
NEST:	bodennistend
ERNÄHRUNG:	omnivor

SÄUERREFLEX
Formica-Ameisen können, wenn sie sich gestört fühlen, zur Verteidigung aus ihrem Acidoporus Ameisensäure verspritzen.

OECOPHYLLA

Weberameisen

UNTERFAMILIE:	Formicinae
ARTENZAHL:	2 Arten, 12 Unterarten
VERBREITUNG:	tropische und subtropische Regionen der Afrotropis, Australasien und der indomalayischen Region
LEBENSRAUM:	Wälder und Waldland, manchmal städtische oder landwirtschaftliche Flächen
NEST:	arboreal; aus Blättern und Seide gewoben
ERNÄHRUNG:	omnivor

Die Gattung *Oecophylla* umfasst zwei Arten, jede mit einem eigenen Verbreitungsmuster. *O. longinoda* ist in Afrika heimisch, *O. smaragdina* in Indien und in Teilen des tropischen Asiens sowie Australiens. Sie ernähren sich von Insekten und halten Honigtau produzierende Arten. Auf Zitrusbäumen in Asien und Kakaobäumen in Afrika werden Weberameisenkolonien auf Plantagen zur biologischen Schädlingsbekämpfung eingesetzt. Sie ernähren sich von Insekten, die Pflanzenschädlinge sind; daher hilft ihre Präsenz als natürlicher Feind dabei, Krankheiten vorzubeugen, die von Schadinsekten übertragen werden.

WIE MAN EIN BLATTNEST WEBT

Weberameisen sind nach den großen Nestern benannt, die sie weben, indem sie Blätter mithilfe von Larvenseide miteinander verknüpfen. Eine einzige Kolonie, die manchmal eine halbe Million Individuen umfasst, kann mehrere Bäume besiedeln und in vielen Einzelnestern leben. Um mit dem Bau eines Nests zu beginnen, ziehen Minor-Arbeiterinnen die Ränder zweier Blätter möglichst eng zusammen. Larven des letzten Larvenstadiums – das kurz vor der Verpuppung steht – werden herbeigeholt. Eine Major-Arbeiterin packt eine Larve mit ihren Mandibeln und hält sie an die richtige Stelle am Blattrand. Die Arbeiterin lässt ihre Antennen rund um den Kopf der Larve vibrieren, streicht wiederholt über die Blattoberfläche und berührt die Larve. Daraufhin setzt die Larve Seide frei, die an der Blattoberfläche haftet. Die Arbeiterin trägt die Larve dann zum gegenüberliegenden Blatt, sodass zwischen den beiden Blatträndern durch den Seidenfaden eine Verbindung entsteht. Der Vorgang wird wiederholt, während die Arbeiterin ihre Larve von Blatt zu Blatt bewegt und die Ränder mit Seide verknüpft.

PROTEINLIEFERANTEN

Weberameisen-Arbeiterinnen haben ein ausgeprägtes Limettenaroma, wenn man an ihnen leckt, und werden in Thailand gern gegessen, da sie reich an Eiweiß sind.

MESSOR

Alle *Messor*-Arten sind granivor, das heißt, sie ernähren sich von Pflanzensamen. *Messor* gehört zu den wenigen Gattungen, die alle bei Ameisen bekannten Strategien der Nahrungssuche zeigen (wie auch *Camponotus, Polyrhachis* und *Pogonomyrmex*), darunter solitäre Nahrungssuche, Nahrungssuche in Gruppen und Massenrekrutierung.

ALLEIN

Eine Arbeiterin, die unbegleitet auf Nahrungssuche geht, verlässt das Nest allein und kehrt mit Nahrung zurück. Die asiatische Art *M. aciculatus* legt ihr Nest in der Nähe anderer Kolonien an, was dazu führt, dass sich die jeweiligen Nahrungsgründe überlappen. Als solitäre Nahrungssuchende rufen diese Ameisen keine Nestgenossinnen zur Hilfe, wenn sie eine feindliche Nachbarin treffen, sondern fechten einen ritualisierten Kampf aus, bis eine Partei zurückweicht. Manchmal kommt es vor, dass eine Ameise, die an einem Nesteingang vorbeikommt, die Bewohnerinnen attackiert und ihnen ihre Samen entwendet, selbst wenn diese von einer Ameise im Maul getragen werden. Oder sie dringt in ein fremdes Nest ein und stiehlt dort gelagerte Samen.

Die europäische Art *M. capitatus* verwendet mehrere Strategien. Die Ameisen gehen gewöhnlich allein auf Nahrungssuche, aber in 10 Prozent der Fälle ziehen sie als Gruppe aus. Damit es bei der Nahrungssuche zu Gruppen- oder Massenrekrutierungen kommt, werden Pheromone eingesetzt und Kolonieangehörige zu einer Nahrungsquelle dirigiert. *M. barbarus* bedient sich bei der Nahrungssuche längerer Zeit benutzter Straßen *(trunk trails)*. Diese Straßen sind 1–30 m lang und von Vegetation und anderen Hindernissen befreit worden. Auf 20 Prozent der Straßen gibt es Samendepots, wo Samen von den Arbeiterinnen gelagert werden. Nur ein Teil der Samen wird geerntet – sie müssen 4–50 mg wiegen und von bestimmten Pflanzenarten stammen.

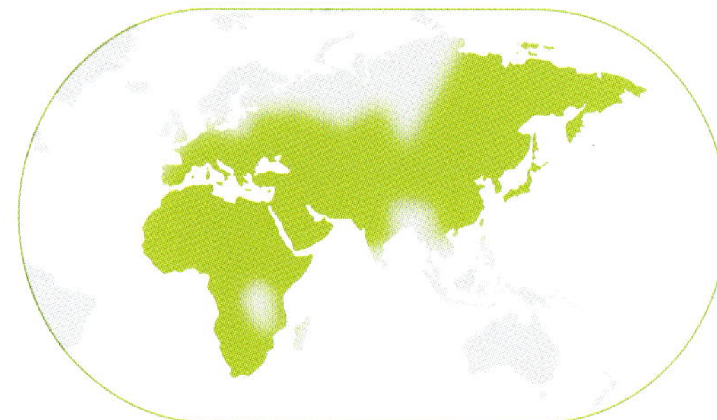

UNTERFAMILIE:	Myrmicinae
ARTENZAHL:	127 Arten
VERBREITUNG:	Paläarktis. Wenige Arten in der Afrotropis und der indomalayischen Region
LEBENSRAUM:	Grasland, Savanne, Wüste
NEST:	bodennistend
ERNÄHRUNG:	granivor

DIE ZÄHNE DER ARBEITERINNEN
Messor-Ameisen zeigen eine große Variationsbreite, was die Zahl der Zähne auf ihren Mandibeln angeht. Kleinere Arbeiterinnen können bis zu 15 Zähne haben, während größere unter Umständen glatte, ungezähnte Mandibeln aufweisen.

DINOPONERA

SUBFAMILIE:	Ponerinae
ARTENZAHL:	8 Arten und 2 Unterarten
VERBREITUNG:	Neotropis, einschließlich Argentinien, Bolivien, Brasilien, Kolumbien, Ecuador, Guayana, Paraguay, Peru und Uruguay
LEBENSRAUM:	Tiefland- und Bergregenwälder, Savanne
NEST:	bodennistend; vielkammerige Nester in der Erde.
ERNÄHRUNG:	omnivor. Vorwiegend Wirbellosenaas und gelegentlich lebende Beute, Samen und Früchte

Die im Amazonasgebiet heimischen *Dinoponera*-Arten sind außerordentlich große Ameisen, die mehr als 3 cm Länge erreichen; damit sind sie die größten Ameisen der Welt. Sie sind gut untersucht, denn ihre Größe macht sie zu geeigneten Forschungsobjekten. Ihren wohlentwickelten Stachel, der ein starkes Gift enthält, setzen sie sowohl zur Verteidigung als auch zum Beutefang ein. Wird ein Mensch gestochen, kann der Stich zwei Tage lang schmerzen.

DIE VERLORENE KÖNIGIN

Dinoponera-Arten bilden kleine Kolonien mit 30–60 Individuen. Statt einer spezialisierten Königinnenkaste haben sie eine begattete eierlegende Arbeiterin – eine Gamergate. Um Spermien zur Befruchtung ihrer Eier zu erlangen, paart sich eine Gamergate mit einem Männchen und beißt dann dessen Gaster ab, um sich von ihm zu befreien. Unter den Arbeiterinnen innerhalb einer Kolonie existiert eine Dominanzhierarchie. An der Spitze steht die Gamergate als Alpha-Tier, gefolgt von einer Reihe untergeordneter Weibchen, den Beta-, Gamma- oder Delta-Tieren. Die untergeordneten Weibchen paaren sich nicht, können aber unbefruchtete Eier legen, die jedoch bei Entdeckung von der Gamergate gefressen werden. Die untergeordneten Weibchen konkurrieren darum, wer das nächste Alpha-Tier sein wird. Die Gamergate beschmiert Konkurrentinnen mit einem Sekret der Dufourdrüse, das mit dem Stachel appliziert wird. Diese so markierten Tiere werden dann von Arbeiterinnen attackiert. Die Dominanz der Gamergate wird auch durch ihr aggressives Verhalten aufrechterhalten, darunter Drohgebärden, Antennenboxen, Beißen und Gasterreiben. Die anderen Arbeiterinnen überwachen nicht nur die untergeordneten Weibchen, sondern erledigen auch die normalen Aufgaben in der Kolonie, wie Nahrungssuche und Brutpflege.

EINDRUCKSVOLLE AGGRESSOREN
Dinoponera-Arten können eigenständige Territorien besetzen. Wenn sie auf Individuen benachbarter Kolonien treffen, verschränken die Kontrahenten ihre Mandibeln und kämpfen bis zu 30 Minuten miteinander.

4 | VERHALTEN

WEGWEISENDES WIRKEN

Der Erfolg einer Ameisenkolonie hängt davon ab, dass eine Königin ein qualitativ hochwertiges Habitat zum Nisten findet und dass Arbeiterinnen, sobald eine Kolonie sich etabliert hat, Nahrungsquellen erschließen und Nahrung zurück zum Nest bringen. Im Gegensatz zu fast allen bekannten Arbeiterinnen tragen Alaten (Königinnen und Männchen) Ocellen, drei einfache große Punktaugen, die auf der Stirn ein Dreieck bilden. Aufgrund ihrer Lage schauen die Ocellen zum Himmel und dienen möglicherweise dazu, auf dem Hochzeitsflug oder bei der Koloniegründung mithilfe von Hinweisen am Himmel und anderswo – zum Beispiel anhand der Menge an Sonnenlicht, Lage des Horizonts oder anderer derartiger Umweltsignale – die Navigation zu erleichtern. Möglicherweise sind die Ocellen aber auch ein evolutionäres Überbleibsel, das heißt ein Merkmal, das zum Zeitpunkt seiner Entwicklung eine Funktion hatte, heute aber überflüssig und dabei ist, verloren zu gehen.

UNTEN: Je nach Unterfamilie können verschiedene Drüsen die Spurpheromone produzieren, die dem Nahrungssuchverhalten der meisten Ameisenarten zugrunde liegt.

RECHTS: Die drei Ocellen, die auf der Stirn der Ameise ein Dreieck bilden, sind bei Königinnen und Männchen auffällig, doch ihre Funktion ist unklar.

AMEISENDRÜSEN

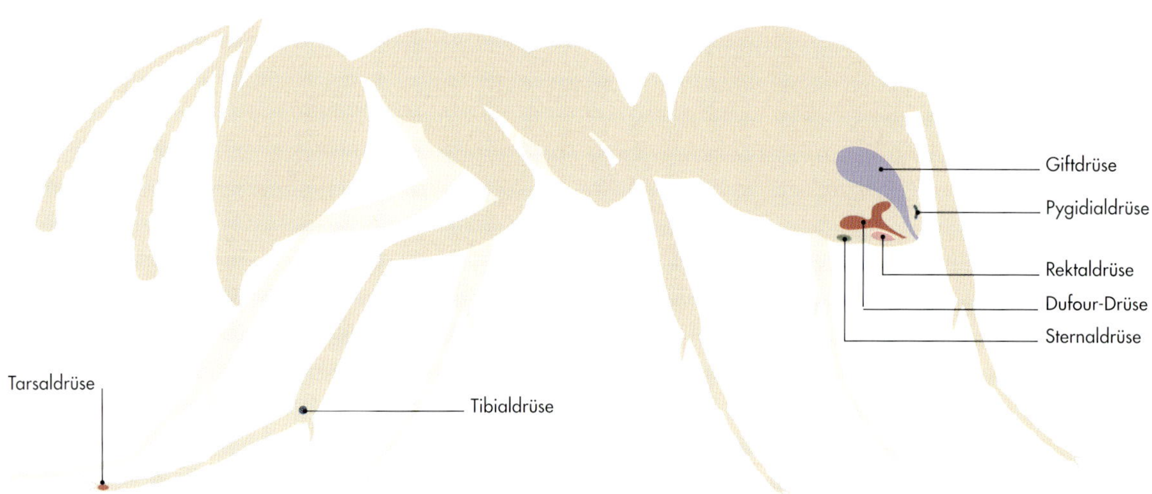

AUF NAHRUNGSSUCHE

Den größten Teil des Kolonielebens sind die Königinnen ans Nest gebunden, und die einzigen navigatorischen Fähigkeiten, die eine Rolle spielen, sind diejenigen der Arbeiterinnen. Die Hauptaufgabe der Arbeiterinnen, die das Nest verlassen, ist die Nahrungssuche, und Arbeiterinnen setzen verschiedene Strategien ein, um sich während ihrer Erkundungsgänge und auf Nahrungssuche nicht zu verirren. Am wichtigsten ist eine Pheromonspur. Die meisten Ameisenarten markieren ihren Weg mit speziellen chemischen Verbindungen, die sie in verschiedenen, sogenannten exokrinen Drüsen in der Gaster produzieren; zur Markierung benutzen sie ihren Stachel (oder ihren Acidoporus oder den Schlitz in der Gaster). Diese spezifischen Duftstoffe werden von ihren Nestgenossinnen als Spurpheromone erkannt. Drüsen, die diese Funktion übernehmen können, variieren je nach Spezies; dazu gehören die Dufourdrüse (Myrmicinae), die Giftdrüse (Ponerinae und Myrmicinae), die Pygidialdrüse (Ponerinae, Dorylinae und Myrmicinae), die Rektaldrüse (Formicinae) und die Sternaldrüse (Ponerinae, Dorylinae, Myrmicinae, Aneuretinae, Dolichoderinae und Formicinae). Die Tibialdrüse und die Tarsaldrüse an den Hinterbeinen werden ebenfalls gelegentlich von einigen Myrmicinae eingesetzt. Mithilfe der in diesen Drüsen produzierten Spurpheromone können die Arbeiterinnen Spuren zwischen Nesteingang und Futterquellen legen. Wenn diese Vermutung zutrifft, dann könnten die Ocellen die Navigation bei den Wespenvorfahren der Ameisen unterstützt haben, sind aber heute wegen der geringen Zeit, die Ameisen-Alaten im Lauf ihres Lebens in der Luft verbringen, überflüssig geworden.

Die Rekrutierung von Nestgenossinnen zur Nutzung von Nahrungsressourcen ist eher eine dezentrale als eine direkte Angelegenheit. Zunächst verlassen Kundschafterinnen das Nest in verschiedenen, zufällig gewählten Richtungen und beginnen, eine Spur zu legen, sei es kontinuierlich, indem sie die Spitze ihrer Gaster oder ihres Stachels über den Grund ziehen, oder sie setzen beim Laufen in regelmäßigen Abständen Pheromontropfen ab. Wenn die Kundschafterinnen auf Nahrung stoßen, verstärken sie je nach geschätztem Nahrungsbedarf der Kolonie (siehe Koloniegeplauder, Seite 122) beim Rückweg zum Nest die chemische Spur. Diese Spurverstärkung ist wichtig und eine Schlüsselkomponente der Kommunikation von Ameisen, was Nahrungssuche und Navigation angeht, denn Spurpheromone sind relativ flüchtig und verdunsten rasch, wenn sie nicht verstärkt werden. Rekrutierte Arbeiterinnen, die in der Regel den von ihren Schwestern gelegten Spuren blindlings folgen, konzentrieren sich dabei ver-

LINKS: Schnappkiefer-Ameisen verlassen sich auf ihre raschen und kräftigen Mandibeln, um einzelne Tiere zu erbeuten, statt Pheromonspuren zu Nahrungsquellen zu legen, denen andere Arbeiterinnen folgen können.

stärkt auf Spuren mit einem intensiveren chemischen Signal und verstärken die Spur weiter, solange die Nahrungsquelle vorhanden ist. Dieses System sorgt dafür, dass nahrungssuchende Arbeiterinnen auch ohne Anführer oder optische Wegweiser unter mehreren Möglichkeiten kollektiv den vielversprechendsten Weg „wählen" und im Durchschnitt qualitativ höherwertige Nahrungsquellen nutzen. Bei einigen Arten gehen die Arbeiterinnen individuell statt kollektiv auf Nahrungssuche, doch die solitären Arbeiterinnen dieser Arten markieren ihren Weg dennoch mit Pheromonen, um eine erfolgreiche Navigation zwischen Nest und Nahrungsquelle sicherzustellen.

Nahrungssuche via Pheromonspuren ist ein effektiver Mechanismus, der sich die Vorteile der Eusozialität zunutze macht (und sich daher unabhängig auch bei Termiten entwickelt hat, einer anderen terrestrischen eusozialen Insektengruppe). Es gibt jedoch noch andere Strategien bei der Nahrungssuche, darunter solche, die die ancestrale verhaltensphysiologische Verbindung zwischen individueller und kollektiver Nahrungssuche mithilfe von Pheromonspuren widerspiegeln könnten, sowie andere, die sich möglicherweise notgedrungen entwickelt haben. Insbesondere das Tandemlaufen basiert bei der Navigation auf körperlichem Kontakt statt auf chemischer Signalgebung. Beim Tandemlauf rekrutiert eine „Führerin" eine „Rekrutin", indem sie mit ihren Mandibeln an denen ihrer Schwester zieht und ihr via Gaster chemische Verbindungen präsentiert. Die rekrutierte Ameise bleibt dann dicht hinter der Führenden und hält mit ihren Fühlern Kontakt zu ihr, während die rekrutierende Ameise sie zur Nahrungsquelle dirigiert. Ein solches Verhalten ist bei Ponerinae (z. B. *Pachycondyla harpax*), Myrmicinae (z. B. *Cardiocondyla venustula*) und Formicinae (z. B. *Camponotus consobrinus*) beobachtet worden. Tandemlauf wird bei einigen dieser Arten auch zur Relokation des Nests verwendet, selbst wenn die Nahrungssuche individuell erfolgt, zum Beispiel bei einigen prädatorischen Ponerinaearten.

GEGENÜBER: Um eine Beute zu überwältigen die um ein Vielfaches größer ist als eine einzelne Arbeiterin, setzen Ameisen auf Massenrekrutierungen via Pheromonspuren.

OBEN LINKS: Ob es um die Manipulation großer Blätter oder um das Überwältigen ansehnlicher Beute geht – Weberameisen meistern große Herausforderungen gemeinsam.

OBEN RECHTS: In der Sahara verhindern die glühende Sonne und das exponierte Substrat die Verwendung von flüchtigen Spurpheromonen.

Welche Methoden eine Ameisenart zur Nahrungssuche und zur Navigation benutzt, hängt im Allgemeinen zumindest teilweise von ihrer Hauptnahrungsquelle ab. Eine kollektive Rekrutierung ist dann besonders nützlich, wenn es um die Nutzung großer, unbeweglicher Quellen geht, wie ein Stück Zucker oder einen großen, verwesenden Vertebraten; hingegen reicht eine individuelle Nahrungssuche aus, wenn es um den Fang kleiner, beweglicher Beutetiere geht, wie Springschwänze (Collembolen). In Lebensräumen, wo große Hitze oder Exposition gegenüber den Elementen den Einsatz von Spurpheromonen unpraktisch macht, wie im Wüstensand, mussten alternative Navigationssysteme entwickelt werden. Die wüstenlebende *Cataglyphis bicolor* ist ein solches Beispiel; ihre großen Komplexaugen weisen einzigartige, räumlich operierende Ommatidien auf, und sie hat überdies die Fähigkeit entwickelt, ihre Schritte vom und zum Nest zu zählen.

KOLONIEGEPLAUDER

Weil chemische Kommunikation der Kitt ist, der Ameisengesellschaften zusammenhält, haben Ameisen raffinierte Systeme entwickelt, die eine präzise Signalgebung und eine korrekte Interpretation von Signalen sicherstellen. Die paarigen Antennen von Ameisen sind ihre wichtigsten chemischen Rezeptoren und funktionieren wie die Nase oder Zunge eines Wirbeltiers; sie können aus der Ferne und via physischen Kontakt Freund und Feind wahrnehmen und unterscheiden, ebenso Nahrung von Gift. Beim Laufen bewegen Arbeiterinnen fast ständig ihre Antennen, berühren Oberflächen rundum und beklopfen emsig jede Ameise, die ihnen über den Weg läuft (was als „Antennenkreuzen“ bezeichnet wird). Im Nest stellt diese konstante chemische und taktile Überwachung sicher, dass die Neststruktur die ganze Zeit hindurch stabil und intakt bleibt und – noch wichtiger – verhindert, dass Eindringlinge ins Nest gelangen und dort bleiben.

CHEMISCHE SIGNALE

Dass individuelle Arbeiterinnen zu einer bestimmten Kolonie gehören, signalisieren sie durch eine spezielle chemische Signatur auf der Oberfläche ihrer Kutikula, die als „kutikuläre Kohlenwasserstoffe“ bezeichnet wird. Diese Kohlenwasserstoffe erlauben den Arbeiterinnen, nicht nur ihre eigene Spezies von fremden Ameisenarten zu unterscheiden, sondern auch zwischen Mitglieder verschiedener Kolonien derselben Art zu differenzieren. Wenn sich zwei Arbeiterinnen auf der Nahrungssuche begegnen, kreuzen sie kurz die Antennen, und wenn sie feststellen, dass die andere nicht zum eigenen Nest gehört, ziehen sie gewöhnlich ihrer Wege. Dieses Verhalten vermeidet Konfrontationen, die keiner von beiden Arten nützen würden, vor allem dann, wenn es gerade weder Nahrungsquellen noch ein Nest zu verteidigen gilt. Wenn eine Kolonie jedoch als Gruppe eine Nahrungsquelle ausbeutet, wird die Herrschaft über die Ressource oft teilweise durch

GEGENÜBER: Zwei *Diacamma-indicum*-Arbeiterinnen kreuzen ihre Antennen und prüfen die chemische Identität der anderen, die durch die Signatur ihrer kutikulären Kohlenwasserstoffe ausgewiesen wird.

OBEN: Die Antennen sind die wichtigsten Sinnesorgane der Ameisen, daher ist die Pflege der Antennen eine notwendige Hygienemaßnahme, um ihre Navigationsfähigkeiten zu erhalten.

Antennenkreuzen und Kontrollmaßnahmen etabliert, um Konkurrenten fernzuhalten (siehe Kapitel 5). Arbeiterinnen können Antennenkreuzen auch einsetzen, um festzustellen, wie viele Arbeiterinnen ihrer eigenen Kolonie sich an der Nahrungsquelle befinden, und um einzuschätzen, ob weitere Arbeiterinnen rekrutiert werden sollten. Antennen sind so wichtig für Ameisen, dass sie spezielle Strukturen an den Vorderbeinen tragen, die wie Kamm und Bürste arbeiten; häufig ziehen Ameisen ihre Antennen zwischen dieser Putzstruktur und ihrem Bein hindurch, um sie zu säubern. Dank dieser Hygienemaßnahme bleiben ihre Antennen frei von Verunreinigungen und sind jederzeit in der Lage, kutikuläre Kohlenwasserstoffe, Pheromonspuren und andere chemische Signale in der lokalen Umgebung wahrzunehmen.

SCHALLSIGNALE

Zwar basiert die Kommunikation in einer Kolonie weitgehend auf chemischen Signalen, die via Rezeptoren auf den Antennen wahrgenommen werden, doch Ameisen können auch Schallreize verarbeiten. Durch ein Verhalten, das man als Stridulation bezeichnet, erzeugen Ameisen Schwingungen, indem sie ihren Körper oder Körperteile an Oberflächen reiben oder ein spezielles Stridulationsorgan benutzen. Das Stridulationsorgan, das nur bei einigen Ameisenarten vorkommt, besteht aus zwei Teilen: einer Schrillkante, die am Hinterrand des Petiolus (oder Postpetiolus) sitzt, und einer waschbrettartigen, feinrippigen Struktur auf dem Vorderrand des ersten Gastersegments. Durch Aneinanderreiben beider Strukturen können Ameisen mit ihrem Stridulationsorgan Zirpgeräusche erzeugen, die für das menschliche Ohr gerade noch hörbar sind. Stridulationsschwingungen und Schallsignale werden von unterschiedlichen Ameisenarten zu unterschiedlichen Zwecken eingesetzt. So benutzen Blattschneiderameisen Stridulieren via Bodenvibration als Notsignal. Wenn eine Arbeiterin verschüttet ist, beginnen Nestgenossinnen, die dieses durch den Boden weitergeleitete Signal aufnehmen, zu graben, um ihre Schwester zu retten. Diese Notsignalgebung durch Stridulieren findet sich auch bei vielen anderen Ameisenarten. Bemerkenswerterweise haben Forschungen zudem ergeben, dass Vibrationen, die von Blattschneiderameisen-Arbeiterinnen beim Abtrennen eines Blattes durch sägeförmige Bewegungen erzeugt werden, durch die Pflanzenstängel wandern und von Nestgenossinnen als Rekrutierungssignal verstanden werden; sie eilen dann herbei und helfen beim Transport von Blattstückchen zurück zum Nest. Bei Ernteameisen stridulieren unbegattete Königinnen und Männchen, wenn sie sich auf ihren Hochzeitsflug begeben, und begattete Königinnen stridulieren, um sie verfolgende Männchen zu informieren, dass sie bereits begattet wurden. Stridulieren wird zudem manchmal zusammen mit Pheromonsignalen eingesetzt, um die Lage einer guten Nahrungsquelle anzuzeigen. Ameisen können sogar auf die Stridulation anderer Insekten reagieren, beispielsweise bei symbiotischen Raupen, die offenbar stridulieren, um ihren Ameisen-Pflegerinnen zu erleichtern, sie zu lokalisieren.

VON MUND ZU MUND

Falls Nahrung in Ameisengesellschaften ursprünglich nicht in flüssiger Form vorliegt, wird sie verflüssigt, sobald sie von einer nahrungssuchenden Arbeiterin aufgenommen wird. Überdies ist der größte Teil der Nahrung, die von einer Ameise aufgenommen wird, für die ganze Kolonie bestimmt und wird daher auch mit der gesamten Kolonie geteilt. Diese Teilung von Nahrungsressourcen wird durch ein spezielles Organ, den Kropf, erleichtert, der Nahrung speichern kann, nachdem sie zunächst von einer Ameise aufgenommen (aber nicht völlig verdaut) wurde. Ameisen verfügen über ein separates Organ, den Vormagen (Proventriculus), der bestimmt, wohin konsumierte Nahrung gelangt – entweder in den Kropf zur sozialen Verdauung oder weiter in den Mitteldarm und in den Rest des Verdauungstrakts zur individuellen Verdauung. Eine Nahrungssammlerin mit Nahrung im Kropf kann dann mit ihren Schwestern Nahrung durch „orale Trophallaxis" austauschen, ein Euphemismus für „einander in den Mund spucken". Durch orale Trophallaxis steht die Nahrung, die gerade von einer adulten Ameise aufgenommen worden ist, tatsächlich allen anderen Adulttieren oder Larven der Kolonie zur Verfügung; daher werden die Kröpfe aller Arbeiterinnen gemeinsam manchmal auch als „sozialer Magen" bezeichnet. Wenn eine Ameise aus dem Kropf einer Nestgenossin gefüttert werden möchte, klopft sie mit ihren Antennen und Vorderbeinen in charakteristischer Weise gegen deren Mundwerkzeuge. Ihre Nestgenossin würgt dann die gespeicherte Nahrung in den Mund der Bettelnden.

Eine verwandte Form der Nahrungsteilung sind Ausscheidungen aus dem After von Adulttieren oder Larven, die anschließend von adulten Ameisen aufgenommen werden. Das bezeichnet man als „oral-anale Trophallaxis". Die oral-anale Trophallaxis, die zuerst bei *Cephalotes varians* entdeckt wurde, dient bei einigen Arten dazu, nützliche Bakterien im Darm von adulten Arbeiterinnen zu verteilen oder wiederaufzustocken, um ein gesundes Mikrobiom in der Kolonie aufrechtzuerhalten. Bei *Pachycondyla harpax* können Larven Nahrung besser verdauen als adulte Arbeiterinnen. Dank oral-analer Trophallaxis lassen sich Larven als kleine Verarbeitungsfabriken verwenden: Sie wandeln die Nahrung in Analtröpfchen um, die die Arbeiterinnen konsumieren, um den größtmöglichen Nährwert daraus zu ziehen.

Sowohl orale Trophallaxis als auch oral-anale Trophallaxis können zusätzliche soziale Funktionen haben, wie die Übermittlung wichtiger Informationen oder die Beeinflussung von Entscheidungen in der ganzen Kolonie. Einige Rossameisen können das Wachstum der Larven auf der Basis von Hormonen regulieren, die durch orale Trophallaxis weitergegeben werden, und tauschen möglicherweise auf diesem Wege auch chemische Verbindungen aus, die zum Erkennen von Kolonieangehörigen dienen. Trophallaxis könnte auch ein Mechanismus sein, mit dessen Hilfe Arbeiterinnen die Qualität von gesammelter Nahrung oder den Ernährungszustand der Kolonie beurteilen und ihr Verhalten bei

GEGENÜBER: Durch orale Trophallaxis übergibt eine *Formica-obscuripes*-Arbeiterin Nahrung aus ihrem „sozialen Magen" an den Verdauungstrakt ihrer Schwester.

OBEN: Untersuchungen an Rossameisen sprechen dafür, dass Trophallaxis durch die Verteilung antimikrobieller Flüssigkeiten die soziale Immunität der Arbeiterinnen fördert.

der Nahrungsaufnahme dementsprechend anpassen. Die in Japan heimische *Tetramorium tsushimae* setzt orale Trophallaxis ein, um Informationen über symbiotische Blattlausarten selbst an solche Arbeiterinnen weiterzugeben, die noch keinen Kontakt mit Blattläusen hatten. Eine derartige Kommunikation könnte die Effizienz der Nahrungssuche bei symbiotischen Blattläusen steigern, indem sie Sammlerinnen gegenüber denjenigen Blattlausarten positiv beeinflusst, die tatsächlich Nahrung liefern – wenn die „informierten" Sammlerinnen zum ersten Mal auf symbiotische Blattläuse stoßen, reagieren sie nicht so aggressiv wie diejenigen, die nicht informiert wurden.

SEHEN HEISST GLAUBEN

Da chemische Kommunikation (und manchmal Stridulation) bei Ameisen eine so wichtige Rolle spielt und viele Ameisenarten völlig blind sind, wird die Bedeutung des Sehsinns bei Ameisen oft unterschätzt. Einige Ameisen verarbeiten jedoch bei der Navigation, bei der Jagd und dem Meiden von Fressfeinden visuelle Information. Unbegattete Königinnen und Männchen, die in der Regel zu einer gemeinsamen Paarungsstätte fliegen oder geeignete Nistplätze finden müssen, haben oft größere Augen als Arbeiterinnen derselben Art, was die größere Bedeutung des Sehsinns für die reproduktiven Kasten unterstreicht. Große Augen sind auch bei einigen räuberischen Arten häufig, denn ein gut ausgeprägter Sehsinn hilft ihnen, flinke Beute zu identifizieren und sich in der Umgebung zurechtzufinden, wenn sie auf Jagd gehen. Diese und andere Arten können ihre großen Augen auch dazu einsetzen, um prädatorische Wirbeltiere zu entdecken und zu meiden. Ein solches Beispiel ist die baumlebende Formicinae *Gigantiops destructor.* Diese arboreale Art, deren lateinischer Name so viel wie „Riesenaugen" bedeutet, ist sehr schwer zu sammeln, denn ihre Riesenaugen – die aus mehr als 4000 einzelnen Ommatidien bestehen – erlauben ihr, jede potenziell bedrohliche Bewegung wahrzunehmen und sich blitzschnell in Sicherheit zu bringen. Wie neuere Untersuchungen gezeigt haben, haben bei Wanderameisen Gattungen, die primär unterirdisch auf Nahrungssuche gehen, reduzierte Augen und reduzierte Gehirnregionen, die mit dem Sehen in Verbindung stehen; zumindest einige Wanderameisenarten in der Gattung *Eciton,* die überwiegend oberirdisch leben, weisen hingegen größere mit dem Sehsinn assoziierte Hirnregionen auf.

Die vielleicht erstaunlichste Entdeckung im Zusammenhang mit dem Sehen von Ameisen ist, dass selbst einige im Kollektiv auf Nahrungssuche gehende Arten, die Pheromonspuren legen und von denen man also annehmen könnte, sie verließen sich zur Navigation völlig auf chemische Signalgebung, weiterhin auch ihren Sehsinn zur Orientierung benutzen. Die Bedeutung von visuellen Hinweisen kann sogar diejenige von chemischen Hinweisen übersteigen: Wie Forscher:innen herausfanden, verloren *Temnothorax-rugatulus*-Arbeiterinnen, die zurück ins Nest wollten, die Orientierung, wenn eine künstliche Umgebung gedreht wurde. Hingegen blieben die Arbeiterinnen auf dem richtigen Kurs, wenn die Umgebung konstant blieb, aber das durch Spurpheromone markiert Substrat, auf dem sie liefen, gedreht wurde.

OBEN: Die im ganzen tropischen Südamerika verbreitete *Gigantiops destructor* besitzt die größten Augen aller Ameisenarten.

GEGENÜBER: Bei vielen Arten ist der Hochzeitsflug *eine* Aktivität, für die der Sehsinn wirklich wichtig ist. In der Regel haben Königinnen und Männchen deshalb größere Augen als Arbeiterinnen derselben Art.

Eine so starke Abhängigkeit von visuellen Signalen ist deshalb besonders erstaunlich, weil die Arbeiterinnen dieser Spezies relativ kleine Augen mit nur einigen Dutzend Ommatidien haben. Ähnlich benutzt auch die Schwarze Wegameise *(Lasius niger)* visuelle Landmarken und Pheromonspuren in etwa gleichem Maße als Wegweiser zu Nahrungsquellen. Diese Form der Integration von visuellen Landmarken und Pheromonspuren sind bei Ameisen zur Verbesserung der Navigationspräzision für den Fall, dass die Umgebung verändert oder die Pheromonspuren zerstört wurden, möglicherweise weit verbreitet.

LINKS: Neuere Untersuchungen widersprechen der vorherrschenden Ansicht, dass Ameisen ganz überwiegend nach chemischen Hinweisen navigieren, und betonen die Bedeutung des Sehsinns für Ameisen.

SICHERHEIT IST TRUMPF

Die weltweite Vorherrschaft und die auffällige Präsenz von Ameisen in den meisten terrestrischen Lebensräumen ist ein Beleg für ihre bemerkenswerte Variationsbreite, was Verteidigungsverhalten und schützende morphologische Anpassungen angeht. Ameisen sind wohlbekannt für die Fähigkeit vieler Arten, mithilfe eines kräftigen Stachels schmerzhafte chemische Substanzen zu injizieren, doch verschiedene Unterfamilien, Gattungen und Arten haben im Lauf ihrer Evolution eine ganze Palette von Mechanismen entwickelt, um ihre Kolonie zu schützen. Zusätzlich zu einem giftbewehrten Stachel setzen Ameisen scherenartige Mandibeln, exoskelettale Dornen und chemische Sprays wie auch Verhaltensreaktionen, etwa Fluchtmanöver am Boden und in der Luft, rasches Ausschwärmen und Blockieren der Nestzugänge zur Verteidigung ein.

Viele Verteidigungsmaßnahmen basieren auf der Eusozialität von Ameisen (Kapitel 3), gekoppelt mit körperlichen Merkmalen, um sich effizient zu schützen. Gegen Wirbeltierprädatoren – wie Vögel, Eidechsen, Frösche und Salamander, Ameisenbären, Schuppentiere und andere „Myrmekophagen" – können individuelle Merkmale wie der Stachel sicherlich Schmerzen auslösen, selbst wenn dies die einzige Abwehrmaßnahme ist. Bei Arten, bei denen der Stich einer einzelnen Arbeiterin beim Fressfeind vielleicht keine großen Schmerzen hervorruft, könnte dies bei einem kollektiven Angriff von Hunderten oder gar Tausenden stechenden Ameisen durchaus anders sein. Die wahre Wirksamkeit individueller Verteidigungsmerkmale liegt jedoch in den negativen Erfahrungen, die Prädatoren bei einem Angriff machen. Selbst wenn eine Handvoll Ameisen von einem Myremekophagen getötet wird, lernt der Prädator aufgrund seiner üblen Erfahrung, Ameisen als potenzielle Beute zu meiden, wodurch der Rest der Kolonie in Zukunft Schutz genießt. Daher werden die Defensivmerkmale von Ameisenarbeiterinnen manchmal als „erweiterter Phänotyp" der reproduktiven Königin angesehen: Merkmale nicht reproduktiver Arbeiterinnen, deren Hauptzweck ist, die Königin und ihre Nachkommen zu schützen statt das Leben der Arbeiterinnen. Ökologisch gesehen, ist eine *Polyrhachis*-Arbeiterin (Kapitel 1) mit dem Dorn eines Rosenbuschs vergleichbar.

Ameisen nutzen ihre enge soziale Verbundenheit auch direkt, um Bedrohungen von außen rasch und entschieden zu begegnen. Die meisten Arten verwenden chemische Verbindungen, sogenannte Alarmpheromone, die beim Einsatz einen Angreifer abschrecken und gleichzeitig zusätzliche Nestgenossinnen anlocken können, welche den Eindringling ebenfalls angreifen. Andere Arten, wie *Cephalotes*-Ameisen, haben eine polymorphe Arbeiterkaste mit Major-Arbeiterinnen (Soldatinnen) entwickelt, die die Nesteingänge mit ihrem Kopf verschließen, während sich die Königin, Minor-Arbeiterinnen und die Brut sicher im Nest verbergen. Mehrere baumlebende Rossameisen *(Campanotus)* schlagen ihre Gaster gegen die Tunnel- oder Kammerwände, ein Verhalten, das als „Trommeln" bezeichnet wird. Diese auf Schall basierende Alarmierung könnte je nach Umständen effektiver sein als eine Alarmierung durch Pheromone.

VERTEIDIGUNG DES SYMBIOTISCHEN PARTNERS

Viele symbiotische Ameisenarten, wie Akaziensymbionten der Gattung *Pseudomyrmex,* zeigen ein höchst aggressives kollektives Verteidigungsverhalten, um ihre symbiotischen Partner, die ihnen Nahrung oder Nistmöglichkeiten bieten, vor Fressfeinden zu schützen. Tatsächlich ist dieser starke Schutz der Hauptvorteil, den Nichtameisen-Symbionten wie Blattläuse und Ameisenpflanzen aus ihrer Beziehung zu Ameisen ziehen. Die negativen Effekte von Herbivorie oder Prädation zu vermeiden, indem man die Ver-

OBEN: Eine *Formica-rufa*-Kolonie verteidigt sich heftig, indem sie Ameisensäure verspritzt. Diese chemische Verbindung wurde 1671 erstmals aus dieser Spezies gewonnen und wissenschaftlich beschrieben.

RECHTS: Die harten kutikulären Dornen von *Polyrhachis armata* dienen wahrscheinlich zur Verteidigung gegen räuberische Wirbeltiere.

GEGENÜBER: Der Buntspecht, ein Omnivore, der auch Käfer und Spinnen frisst, ist hier mit einem Schnabel voller Ameisen zu sehen.

teidigung an aggressive Ameisen auslagert, ist die Kosten für die Honigtauproduktion oder das Bereitstellen von hohlen Dornen für eine Kolonie symbiotischer Ameisen allemal wert.

VERMEIDUNG

Einige Ameisenarten setzten auf individuelle statt auf kollektive Verteidigungsstrategien. Dabei geht es in der Regel eher um Feindvermeidung als um aggressives Verhalten. Kleinere, unauffällige Arten sind dank ihrer Färbung und Form in der Laubstreu oder in einem unterirdischen Lebensraum oft gut getarnt – die weit verbreitete Myrmicinae-Gattung *Strumigenys* wählt häufig diese Strategie. Die Nahrungssammlerinnen baumlebender *Polyrhachis*-Arten, die keine Kutikuladornen zur Verteidigung aufweisen, lassen sich, wenn das Blatt, das sie gerade überqueren, gestört wird, rasch zu Boden fallen, um Fressfeinden zu entgehen. *Odontomachus*-Schnappkieferameisen zeigen einen besonders verblüffenden individuellen Verteidigungsmechanismus: Sie benutzen ihre extrem kräftigen, wie eine Sprungfeder fungierenden Mandibeln, um sich hoch in die Luft oder ein ganzes Stück weit in die Horizontale zu katapultieren. Dieses Verhalten erhöht die Überlebenschance der individuellen Arbeiterinnen, wenn sie in die Sandfallen von Ameisenlöwen geraten, doch möglicherweise hat es auch eine soziale Verteidigungsfunktion, was zu Mehrheit der Verteidigungstechniken von Ameisen passen würde: Wenn ein Nest von einem Wirbeltierprädator beschädigt wird, der nach Ameisenlarven sucht, könnte ein Gestöber von Arbeiterinnen, die plötzlich überall wie Popcorn in die Höhe schnellen, den Angreifer visuell desorientieren und derart stören, dass er sich frustriert abwendet.

OBEN LINKS: Tarnung und unauffälliges Verhalten prägen den Tag vieler *Cephalotes*-Ameisen.

LINKS: Hartholz rund ums Nest bietet Rossameisen wie *Camponotus discolor* möglicherweise einen gewissen Schutz.

BAUKUNST UND ARCHITEKTUR

Ameisenhügel gehören zu den bekanntesten und typischsten von Insekten errichteten Strukturen. Doch die einfachen Hügel ausgehobener Erde, die solche Ameisenhügel entlang von Rissen und Spalten in städtischen und vorstädtischen Bürgersteigen bilden, stellen nur einen winzigen Bruchteil der vielfältigen Architektur von Ameisennestern dar. Selbst der klassische Ameisenhügel ist wie ein terrestrischer Eisberg: Was an der Oberfläche zu sehen ist, steht mit einer viel größeren unterirdischen Struktur in Verbindung. Unterirdische Ameisennester können direkt unter der Erdoberfläche liegen oder bis zu 9 m tief in der Erde verborgen sein. Oberirdische Nester in der Laubstreu bestehen manchmal aus lockeren Anordnungen von Laubstreusubstrat, einem vermodernden Stück Holz oder auch nur aus einer Eichel. Einige Ameisen nisten in Rissen in der Baumrinde, manche unter oder zwischen Blättern und andere in riesigen Kartonnestern im Geäst. In jedem Lebensraum stößt man entlang des gesamten vertikalen Gradienten von tief im Boden bis ganz oben im Kronendach zuverlässig auf Ameisenkolonien.

OBEN: *Temnothorax-curvispinosus*-Kolonien sind fakultativ polydom und besiedeln, wenn verfügbar, mehrere Eicheln oder Stöckchen, und mehr als 100 adulte Arbeiterinnen passen in eine einzelne Eichel.

UNTEN: Verborgen unter der Oberfläche können unterirdische Ameisennester separate Kammern für die Königin und verschiedene Entwicklungsstadien der Brut umfassen.

EIN AMEISENHÜGEL

ERDAUSHUB

So viel Erde auszuheben, wie nötig ist, um ein unterirdisches Nest von der Größe eines Nests von *Atta*-Blattschneiderameisen – das es auf die Größe einer menschlichen Behausung bringen kann – zu bauen, erfordert außerordentliche kollektive Anstrengungen. Anfangs wird von einer begatteten Königin etwas Erde ausgehoben; sie gräbt einen engen Tunnel, der zu einer einfachen unterirdischen Kammer führt. In dieser Kammer legt die Königin ihre ersten Eier. Wenn die Kolonie wächst, wird mehr Erde ausgehoben; nach und nach, Arbeiterin um Arbeiterin, werden bereits angelegte Kammern erweitert und neue Kammern für weitere Eier, Larven, Puppen und Adulttiere und im Fall von Blattschneiderameisen Gärten für symbiotische Pilze angelegt. Bei vielen Ameisenarten ist der charakteristische Ameisenhügel *eine* Lösung des Problems, was man mit der ganzen ausgehobenen Erde machen soll. Das ist nicht nur praktisch, sondern das Deponieren von Erde in Form eines Hügels oder eines kleinen Turms direkt am Eingang könnte das Nest auch vor Eindringlingen oder zufällig Vorbeikommenden schützen. Diese sehr auffälligen Hügel können aber auch Myrmekophagen anlocken; möglicherweise verteilen manche Ameisenarten aus diesem Grund die ausgehobene Erde in größerer Entfernung von der Aushubstelle, sodass der Nesteingang schwerer zu finden ist.

BAUMNESTER

Rossameisen sind geschickt darin, Gänge in Baumstämmen anzulegen, wobei sich unten am Baum ein Häufchen Sägemehl ansammelt. Die meisten arborealen Ameisen gehen jedoch anders vor und nutzen bereits existierende Hohlräume (wie die von Käfern in Zweige gebohrten Löcher, die von *Celophates*-Arten genutzt werden) oder bauen Nester aus Blättern oder anderen verfügbaren Materialien. In Gruppen wie den *Oecophylla*-Weberameisen und *Polyrhachis*-Arten werden Nester oft durch Verknüpfen von Blättern mit Larvenseide gebaut. Während einige Arbeiterinnen gemeinsam mehrere Blätter oder die Ränder eines einzelnen Blattes möglichst eng zusammenziehen, holen andere Arbeiterinnen Larven und bewegen sie zwischen den Blättern vor und zurück, wobei die Larven wie eine Leimpistole klebrige Seide sezernieren. Das Endprodukt ist eine runde oder kuppelförmige Kammer, die Brut, Arbeiterinnen und die Königin beherbergen kann. Einige andere arboreale Arten bauen hingegen „Karton"-Nester, kugelförmige Strukturen, die aus Überresten aller Art bestehen, darunter Erde, Pflanzenmaterial und sogar tierische Exkremente. Der Bau von Kartonnestern verlangt vielleicht keine so fortgeschrittene soziale Kooperation wie das Weben von Blattnestern, doch diesem Vorteil steht die Notwendigkeit entgegen, Substrat als Baumaterial für das Kartonnest zu finden und zu sammeln.

DIE GEEIGNETE UMGEBUNG

Ameisenkolonien reagieren sehr sensibel auf Feuchtigkeit und Temperatur; beides sind daher wichtige Faktoren bei der Wahl eines Nistplatzes wie auch bei der Nestarchitektur. Begattete Königinnen unterirdisch lebender Arten suchen im Allgemeinen nach feuchter Erde oder anderem feuchten Substrat, bevor sie einen Tunnel graben und die erste Nistkammer anlegen. Eine feuchte Umgebung sorgt dafür, dass die Königin und ihre Brut nicht so leicht austrocknen, und hilft der jungen Kolonie, Wasser zu sparen. Manche Ameisen passen sogar die Menge an Feuchtigkeit im Boden an, um einen bestimmten Feuchtigkeitspegel in den verschiedenen Kammern des Nests aufrechtzuerhalten. Die Waldameise *Formica ulkei* gehört zu den Arten, die dazu in der Lage sind. Wir wissen nicht genau, wie diese Feuchtigkeitsregulierung gelingt, doch die Ameisen bauen ihr Nest offenbar in einer Weise, die strukturell für eine optimale Feuchtigkeit sorgt. Meh-

GEGENÜBER: Nester der Blattschneiderameise *Atta laevigata,* von denen eines hier ausgegraben ist, können Kammern enthalten, die bis zu 7 m tief im Boden liegen.

OBEN: *Oecophylla*-Weberameisen verknüpfen Blätter mit sehr viel Larvenseide.

rere Arten platzieren Larven bevorzugt in den feuchteren und Puppenkokons in den trockeneren Kammern – die ponerine Art *Prionopelta amabilis* geht so weit, die Kokonkammern mit Fragmenten von Puppenkokons auszukleiden, damit die Kammer in ihren ansonsten feuchten Nestern in umgefallenen Stämmen und vermoderndem Holz nicht zu feucht wird. Die Nahrungssammlerinnen einer anderen Ponerinae-Art, *Neoponera villosa,* tragen Tautropfen (oder Wasser aus anderen Quellen) zurück ins Nest. Nachdem durstige Arbeiterinnen und Larven getrunken haben, nutzen die Sammlerinnen den Rest zur Befeuchtung, indem sie ihn einfach in die Erde im Nest geben oder etwas davon auf die Kokons tupfen. Baumlebende Ameisen haben weniger Optionen, um die Nestfeuchtigkeit zu verändern; daher haben viele Arten eine höhere Toleranz für trockenere Habitate entwickelt, möglicherweise aufgrund kutikulärer Eigenschaften oder anderer, interner Mechanismen. Die verschiedenen Strategien, die Ameisen entwickelt haben, um die Feuchtigkeit im Nest zu kontrollieren, sind eine Folge des ökologischen Selektionsdrucks auf alle Ameisenarten, genügend Feuchtigkeit für Eier, Larven, Puppen und die Königin sicherzustellen.

LERNEN UND ERINNERN

Ameisennester bleiben gewöhnlich lange Zeit an Ort und Stelle, und Arbeiterinnen leben durchschnittlich ein Jahr und länger. Da eine Kolonie Jahrzehnte überdauern kann, kommt die Fähigkeit von Arbeiterinnen, sich an Details der Umgebung und andere wichtige Faktoren zu erinnern, der Kolonie langfristig zugute. Dementsprechend besitzen Arbeiterinnen trotz ihrer geringen Größe und ihres dementsprechend kleinen Gehirns unter Umständen erstaunliche kognitive Fähigkeiten, was Lernen und Gedächtnis angeht. Überdies können sich Lernen und Gedächtnis bis auf die soziale Ebene erstrecken, wobei soziales Lernen und Erinnern zu einer effizienteren oder erfolgreicheren Beziehung zwischen Kolonie und Umwelt führt.

Wie oben bereits erwähnt, erkennen die Sammlerinnen einiger Arten nicht nur von Natur aus chemische Signale von Pheromonspuren, die von ihnen und ihren Schwestern gelegt wurden, sondern erkennen und erinnern sich auch an visuelle Landmarken, an denen sie sich orientieren. Ameisen können die Methode der Pfadintegration zur Navigation einsetzen; dazu benötigen sie neben Kurzzeit- und Langzeitgedächtnis auch die Fähigkeit, Information, die auf Landmarken basiert, zu aktualisieren. Pfadintegration erfordert, die Anzahl der gemachten Schritte und die zurückgelegten Kompassrichtungen mental zu einem Vektor zusammenzuführen, der zur Festlegung der Richtung dient, in die man sich bewegt. Dieser Prozess wird zunächst kurzfristig implementiert und kann mit jedem neuen Trip außerhalb des Nests neu beginnen, doch Indizien sprechen dafür, dass die Ameisen im Lauf der Zeit lernen, Vektorinformationen über zahlreiche Trips hinweg zu einem Durchschnittsvektor zusammenzufassen, der ihnen hilft, ihren Weg bei zukünftigen Trips zu optimieren.

Erinnerungen können bei Ameisen über Tage, Monate oder sogar Jahre gespeichert werden. Mit Waldameisen der Gattung

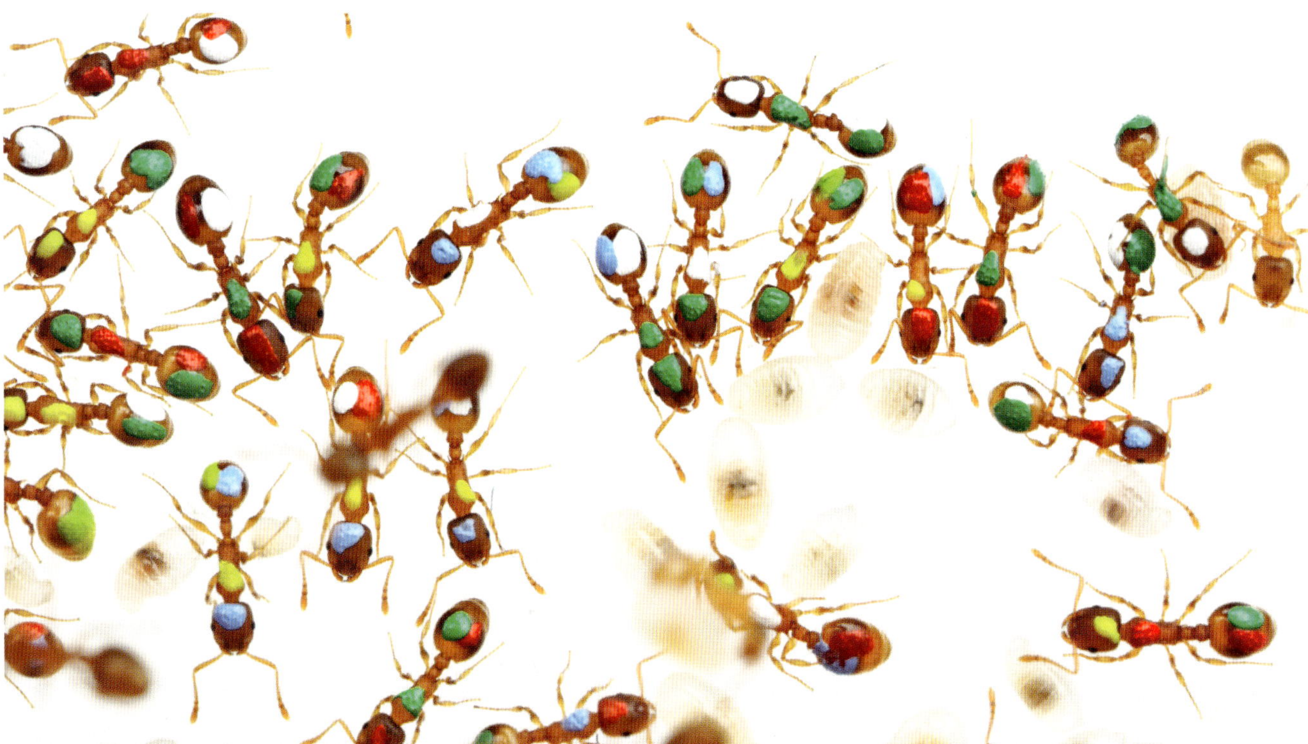

Formica sind mehrere Untersuchungen über das Gedächtnis von Ameisen durchgeführt worden. Bei Experimenten erlernten *Formica-fusca*-Arbeiterinnen sehr schnell Gerüche, die mit Nahrung assoziiert waren, und erinnerten sich an diese Information bis zu drei Tage lang, selbst wenn sie dieser Geruchsbeziehung nur ein einziges Mal ausgesetzt worden waren. Bei einer anderen Waldameise, *F. uralensis,* können visuelle Gedächtniseindrücke über die Lage von Standorten selbst sechsmonatige Überwinterungsperioden überstehen. Wenn *F.-rufa*-Arbeiterinnen auf Nahrungssuche gehen und eine neue Nahrungsquelle entdecken, kehren sie mehrmals zurück und schauen sich umgebende Landmarken an, um sich an sie zu erinnern und den Standort der Nahrungsquelle wiederzufinden. Zudem scheinen sich die kognitiven Fähigkeiten der Arbeiterinnen in einer Kolonie zu unterscheiden. In einer Untersuchung konnten sich die meisten Waldameisen-Sammlerinnen an den Weg zu einer Futterquelle erinnern, wenn es auf dem Weg nur eine einzige Gabelung gab; lagen auf dem Weg jedoch sechs Gabelungen, gelang es nur wenigen Arbeiterinnen, sich an den richtigen Weg zu erinnern.

Wie gut sich Ameisenarten an räumliche, visuelle und chemische Informationen erinnern können, hängt möglicherweise mit der Komplexität ihrer Umgebung und der Methode zusammen, mit der eine Art Arbeiterinnen rekrutiert. Natürlich fördern komplexere Lebensräume, wie der abwechslungsreiche, dreidimensionale Raum eines Baums, bessere Gedächtnisleistungen. Ameisenarten, die sich auf kollektive Methoden des Nahrungssammelns stützen, erinnern sich an chemische Informationen möglicherweise besser; Arten, bei denen die Arbeiterinnen allein auf Nahrungssuche gehen, erinnern sich hingegen vielleicht besser an visuelle Informationen. Lernen und Gedächtnis bei Ameisen stehen generell mit notwenigen Aufgaben in Beziehung, vor allem mit Nahrungssuche. Im Vergleich zu kognitiven Fähigkeiten einiger anderer Tiere, wie manchen Säugerarten, die durch abstrakteres Denken neue Lösungen für ein neues Problem finden können, sind die kognitiven Fähigkeiten von Ameisen oft relativ begrenzt.

GEGENÜBER: Ameisen mit einem individuellen Farbmuster zu markieren, ist eine einfache Methode von Myrmekolog:innen, um die Bewegung von Ameisen und andere Aktivitäten in Verhaltensexperimenten zu verfolgen.

RECHTS: Ein gutes Gedächtnis ist besonders nützlich für Ameisenarten, die von relativ stabilen und wertvollen Nahrungsquellen profitieren, wie Ansammlungen von symbiotischen Hemipteren, die Honigtau liefern.

CATAGLYPHIS

UNTERFAMILIE:	Formicinae
ARTENZAHL:	99 Arten
VERBREITUNG:	Zentral- und Nordafrika, Mittelmeerraum, Naher Osten und Zentralasien
LEBENSRAUM:	aride und semiaride Regionen, vor allen Wüsten und Steppen
NEST:	Bodennistend. Unauffällige Bodennester.
ERNÄHRUNG:	carnivor; solitäre Aasfresser und Prädatoren von Arthropoden

Cataglyphis-Ameisen sind thermophil – wärmeliebend – und besitzen Anpassungen, die ihnen erlauben, in besonders heißen und trockenen Umgebungen zu leben. Eine wüstenbewohnende Art, *Cataglyphis* (auf Deutsch manchmal als Wüstenameisen bezeichnet), geht bei Lufttemperaturen von 45 °C auf Nahrungssuche, wobei sie über 50 °C heißen Sand läuft. Diese Ameisen haben lange Beine, um ihren Rumpf vom heißen Boden fernzuhalten. *Cataglyphis* nutzt Schatten oder erhöhte Punkte, um Zuflucht vor den hohen Temperaturen zu finden, und viele Arten verfügen über einen dichten Pelz lichtreflektierender Haare auf dem Körper, die einen solaren Hitzeschild bilden.

NAVIGATION IN DER WÜSTE

Da die Oberflächentemperaturen hoch sind und Nahrung in der Wüste rar ist, suchen *Cataglyphis*-Arbeiterinnen allein nach Nahrung und hinterlassen keine Pheromonspuren, um Nestgenossinnen den Weg zu einer Nahrungsquelle zu weisen. Auf Nahrungssuche legen sie weite Entfernungen zurück und orientieren sich dabei an visuellen Hinweisen. Dazu gehören die Horizontallinie und umgebende Landmarken, die sie per Pfadintegration nutzen. Sie können sich selbst ohne Landmarken in einer geraden Linie bewegen und auf dem Rückweg Informationen über Entfernung und Richtung nutzen, die sie auf dem Hinweg gesammelt haben. Die zurückgelegte Weglänge wird durch Schrittintegration und Wahrnehmung von optischen Signalen bestimmt. Richtungsinformation wird mithilfe von Schlüsselreizen am Himmel verarbeitet, wie dem Winkel des polarisierten Lichts, dem Sonnenstand und dem Spektralgradienten. Eine Art benutzt, bevor sie auf Nahrungssuche geht, einen magnetischen Kompass, um ihren optischen Kompass zu eichen, wenn eine Arbeiterin das Nest zum ersten Mal verlässt.

REFLEKTIERENDE BEHAARUNG
Viele *Cataglyphis*-Arten haben glänzende Haare, die das Sonnenlicht reflektieren, was den Ameisen hilft, die hohen Temperaturen in der Wüste zu überstehen.

EUPRENOLEPIS

SUBFAMILIE:	Formicinae
ARTENZAHL:	8 Arten
VERBREITUNG:	indomalayische Region, vor allem Borneo
LEBENSRAUM:	Wald
NEST:	bodennistend
ERNÄHRUNG:	herbivor

Diese Gattung ist in Südostasien endemisch; viele Arten leben ausschließlich auf Borneo. Diese mittelgroßen, 3–6 mm langen Ameisen leben in tropischen und subtropischen Regenwäldern, wo sie kollektiv auf dem Boden und in der Laubstreu nach Nahrung suchen. Ihre Kolonien umfassen 500 bis 5000 Individuen und können eine einzige oder mehrere Königinnen haben. Einige Arten leben nomadisch, nisten in bereits existierenden Hohlräumen und wandern häufig, während andere Arten Erdnester bauen und nicht regelmäßig in neue Nester umziehen. Die meisten Arten sind monomorph, doch bei *Euprenolepis procera,* einer der am besten untersuchten Arten, findet man Major- und Minor-Arbeiterinnen.

PILZERNTE

Pilzzucht in Ameisennestern ist gut dokumentiert, vor allem bei attinen Ameisen in der Neotropis. Obwohl Pilze eine üppige Nahrungsquelle darstellen, verzehren die meisten Wirbellosen keine Pilze, denn die Nährstoffe sind von chitinhaltigen Zellwänden umgeben, die unverdaulich sind. Bislang ist nur eine einzige Ameisengattung bekannt, die wild wachsende Pilze erntet, ein Verhalten, das bei *E. procera* und *E. wittei* beobachtet wurde. Diese beiden Arten leben in denselben Wäldern, streiten sich aber nicht ums Futter, da sie zu verschiedenen Tageszeiten aktiv sind. *Euprenolepis*-Ameisen suchen nach vielen verschiedenen Pilzen, zerlegen den Fruchtkörper in kleine Stücke und transportieren diese zurück in ihr Nest. Das Pilzgewebe wird dann von den Arbeiterinnen weiterverarbeitet, indem sie es mit ihren Mandibeln zerkauen.

PILZMAHLZEIT
Hier schneiden *Euprenolepis*-Arbeiterinnen Stücke aus einem Pilzgeflecht, um diese in ihr Nest zu transportieren. Dort verarbeiten die Arbeiterinnen die Pilzstücke und verzehren sie.

APHAENOGASTER

Aphaenogaster-Arten sind kleine bis mittelgroße Ameisen mit einem langgestreckten Körper und langen Beinen. Sie sind weit verbreitet, wobei der Schwerpunkt der Artenvielfalt in der Nordhemisphäre, Asien und Australasien liegt. Sie nisten auf dem Boden in der Erde, unter Steinen oder in vermoderndem Holz; einige Arten legen sehr typische trichterförmige Nester an. *Aphaenogaster*-Arten sind unspezialisierte Allesfresser und suchen nach toten Arthropoden, hüten säftesaugende Insekten, fressen Samen und sammeln Nektar. Die Arbeiterinnen gehen allein auf Nahrungssuche, rekrutieren jedoch gelegentlich einige Nestgenossinnen und führen sie mithilfe einer Pheromonspur zu einer Nahrungsquelle. Nahrung wird nur in Nestnähe gesucht, doch die Nestdichte ist hoch. Auch wenn diese Ameisen an Nahrungsquellen sehr häufig sind, sind sie anderen Ameisenarten verhaltensbiologisch untergeordnet und verteidigen ihre Nahrungsgründe nicht.

WERKZEUGGEBRAUCH BEI *APHAENOGASTER*

Zahlreiche Vögel und Primaten benutzen Werkzeuge zum Nahrungstransport, doch etwas Vergleichbares ist bei nur wenigen Ameisenarten beobachtet worden, darunter zehn *Aphaenogaster*-Arten. *Aphaenogaster*-Arbeiterinnen können nur wenig Flüssigkeit in ihrem Kropf unterbringen und setzen keine orale Trophallaxis ein, um Nahrung mit anderen Koloniemitgliedern zu teilen. Stattdessen verwenden die Ameisen Werkzeuge. Sie tauchen Materialien wie Erde, Blätter oder Holz in Flüssigkeit oder weiche Nahrung. Diese wird vom Werkzeug aufgesogen und von den Ameisen zurück zum Nest transportiert, wo die Nestgenossinnen Flüssigkeit aus dem vollgesogenen Material aufnehmen. Arbeiterinnen können mithilfe des absorbierenden Werkzeugs zehn Mal mehr Flüssigkeit transportieren, als sie in ihrem Kropf tragen könnten.

UNTERFAMILIE:	Myrmicinae
ARTENZAHL:	209 Arten
VERBREITUNG:	weltweit, fehlen aber in der Südhemisphäre der Neotropis und in der Afrotropis
LEBENSRAUM:	in den meisten Habitattypen der Regionen, in denen man sie findet
NEST:	bodennistend
ERNÄHRUNG:	omnivor

EXTRALANG
Obwohl nicht besonders groß, haben *Aphaenogaster*-Ameisen in der Regel lange Beine und Antennen, was ihnen ein zerbrechliches, langgestrecktes Aussehen verleiht.

CEPHALOTES

SUBFAMILIE:	Myrmicinae
ARTENZAHL:	118 Arten
VERBREITUNG:	vorwiegend in der Neotropis, Zentral- und Südamerika, wenige Arten in den USA
LEBENSRAUM:	Wald
NEST:	baumnistend (arboreal)
ERNÄHRUNG:	herbivor

Cephalotes-Ameisen umfassen tropische und subtropische Arten, die in bereits vorhandenen Höhlen von Bäumen, Sträuchern und Grasstängeln nisten. Ihre Arbeiterkaste weist einen Größendimorphismus auf; es gibt eine phragmotische Soldatenkaste, die ihren vergrößerten Kopf dazu benutzt, bei einem Angriff die Nesteingänge zu verschließen.

FALLEN MIT STIL

Cephalotes-Arbeiterinnen, die hoch in den Bäumen nisten, kann es passieren, dass sie vom Baum fallen. Ein Sturz aus dieser Höhe heißt, in weniger als 10 Sekunden mehr als 3000 Mal die eigene Körperlänge zurückzulegen – das Äquivalent wäre ein Mensch, der aus rund 5 km Höhe fällt. Der Aufprall tötet eine Ameise nicht, doch die feindliche Umgebung auf dem Boden möglicherweise schon. Wenn eine Ameise auf der Laubstreu landet, ist das Risiko groß, von wirbellosen Prädatoren, vor allem anderen Ameisenarten, attackiert und gefressen zu werden. Noch gefährlicher ist es, ins Wasser zu fallen, wo 42 Prozent der Ameisen sterben; gewöhnlich werden sie von Fischen gefressen.

Um das hohe Risiko zu mindern, das mit einem Fall auf den Waldboden verbunden ist, setzen *Cephalotes*-Arbeiterinnen beim Herabfallen eine Gleittechnik ein, die als *directed aerial descent* (sinngemäß: gerichteter Gleitflug) bezeichnet wird. Die Ameisen breiten ihre Beine aus, halten sie wie ein Fallschirmspringer in freiem Fall über den Kopf und gleiten mit der Gaster voran auf Bäume zu. Durch Vor- und Zurückbiegen ihrer Beine sowie Gasterbewegungen können sie ihren Körper kippen, was ihnen hilft, ihre Geschwindigkeit zu regulieren, während sie mit asymmetrischen Beinbewegungen ihre Richtung kontrollieren, was ihnen erlaubt, mitten im Gleitflug umzudrehen und zu ihrem Baum zurückzukehren.

BESONDERE MERKMALE

Cephalotes-Arbeiterinnen weisen eine interessante Kombination von kutikulären Skulpturierungen auf, darunter knollige Erhebungen, Beulen und Dornen – zu welchem Zweck, ist nicht bekannt.

MEGAPONERA

Megaponera analis lebt in großen Kolonien mit mehr als 2000 Arbeiterinnen und einer einzigen ungeflügelten Königin. Als spezialisierte Prädatoren von Termiten der Unterfamilien Macrotermitinae unternehmen sie Massenraubzüge. Eine Kundschafterin findet ein Termitennest und rekrutiert dann bis zu 500 Arbeiterinnen für den Überfall. Die Angreifer marschieren in langen Kolonnen bis zu 50 m weit zu dem avisierten Termitennest. Größere Arbeiterinnen brechen das Termitennest auf, während kleinere Arbeiterinnen exponierte Termiten angreifen. Die Termiten werden dann aufgesammelt, und die Ameisen kehren mit der Beute in ihre Nester zurück, ein Vorgang, der sich bis zu vier Mal am Tag wiederholen kann.

JEMAND SOLL DIE AMBULANZ RUFEN!

Termiten haben eine spezielle Soldatenkaste entwickelt, um Angreifer zu attackieren. Das heißt, dass Arbeiterinnen während eines Überfalls häufig verwundet werden. Statt dass diese *Megaponera-analis*-Arbeiterinnen zum Sterben liegen gelassen werden, werden verletzte Tiere von anderen Arbeiterinnen gerettet und zurück in die Sicherheit des Nests gebracht. Werden sie nicht gerettet, sterben verletzte Arbeiterinnen in einem Drittel der Fälle. Falls die Verletzungen tödlich sind, wie ein abgetrennter Kopf, Thorax oder Gaster, wird kein Rettungsversuch unternommen. Rettungsverhalten ist eine erfolgreiche Taktik, denn praktisch alle geretteten Ameisen nehmen an späteren Überfällen wieder teil. In 90 Prozent der Fälle, in denen sich Termiten an den Extremitäten von Ameisen festklammerten, werden diese entfernt, ohne dass die Ameisen Beine verlieren. Und Ameisen, die ein Bein verloren haben, können nach einer 24-stündigen Erholung im Nest wieder so schnell laufen wie zuvor.

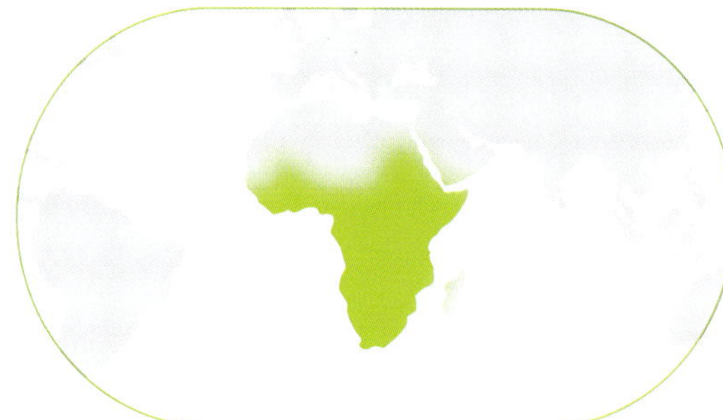

UNTERFAMILIE:	Ponerinae
ARTENZAHL:	monotypisch, 1 Art, aber 5 anerkannte Unterarten
VERBREITUNG:	Afrotropis
LEBENSRAUM:	Waldland, Wald, Sumpf
NEST:	bodennistend, in Termitenbauen oder vermoderndem Holz
ERNÄHRUNG:	carnivor, spezialisierte Termitenjäger

EINDRUCKSVOLLER BEUTEZUG
Nach einer erfolgreichen Jagd kehrt eine *Megaponera-analis*-Arbeiterin mit einem ganzen Stapel Termiten zwischen ihren Mandibeln ins Nest zurück.

PLECTROCTENA

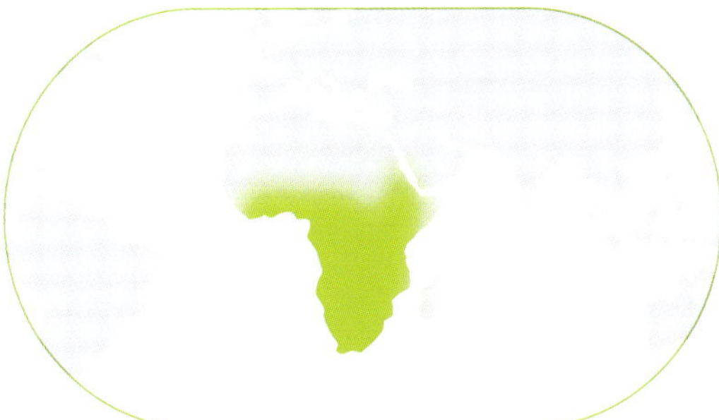

SUBFAMILIE:	Ponerinae
ARTENZAHL:	16 Arten
VERBREITUNG:	Subsahara-Afrika
LEBENSRAUM:	verschiedene Waldtypen, Savanne, Grasland
NEST:	bodennistend
ERNÄHRUNG:	carnivor; Prädatoren von Tausendfüßern und deren Eiern sowie Termiten

Diese mittelgroßen bis großen Ameisen lassen sich leicht an ihren langen Mandibeln und ihrem glänzenden schwarzen Kopf wie auch Körper erkennen. Sie leben in kleinen Kolonien von weniger als 300 Arbeiterinnen und nisten im Boden oder in vermoderndem Holz. Für eine so kleine Gattung sind sie in Subsahara-Afrika weitverbreitet und besonders häufig in west- und zentralafrikanischen Regenwaldhabitaten zu finden.

TAUSENDFÜSSER-JÄGER

Plectroctena-Ameisen verzehren zahlreiche Arthropoden, jagen jedoch meist Tausendfüßer. Larven müssen mit Tausendfüßern gefüttert werden, damit sie sich zu geflügelten Weibchen und zu Arbeiterinnen entwickeln; Tausendfüßer sind jedoch kein essenzieller Bestandteil der Ernährung von Larven, aus denen sich Männchen entwickeln. Königinnen, die dabei sind, Kolonien zu gründen, meiden in der Regel große Beute wie Tausendfüßer und ernähren sich im Allgemeinen von deutlich kleineren Arthropoden wie Asseln.

Die Größe eines Tausendfüßers bestimmt die Angriffstaktik der *Plectroctena*-Ameisen. Bei kleineren Tausendfüßern packt die Ameise das Ende ihrer Beute von oben, wobei sie mit ihren Mandibeln zwischen deren Segmente greift. Danach ist die Ameise in der Lage, ihr Opfer zu stechen und auf der Stelle zu lähmen. Bei größeren Tausendfüßern ergreift die Ameise ihre Beute bei einem Körperanhang und versucht, sie zu stechen oder sich um sie herumzuwickeln, während sie auf Hilfe von anderen Arbeiterinnen wartet. Wie Experimente gezeigt haben, kann eine einzelne Arbeiterin einen Tausendfüßer überwinden, der rund 90 bis 120 Mal so viel wiegt wie sie selbst. In anderen Fällen rekrutieren Ameisen Nestgenossinnen, um die Beute mit ihrer Hilfe zu überwältigen.

BEEINDRUCKENDE MANDIBELN
Ameisen dieser Gattung, wie *Plectroctena mandibularis*, haben lange, gerade Mandibeln mit einem oder zwei Zähnen, die sie zur Verteidigung oder auf der Jagd zuschnappen lassen können.

5 | ÖKOLOGIE

DER GRUNDPFEILER DER AMEISENÖKOLOGIE

Ameisen sind konkurrenzorientierte Geschöpfe. Antagonistische Wechselbeziehungen zwischen Ameisen sind der Motor so vieler individueller und kollektiver Ameisenverhalten, dass Konkurrenz als „Grundpfeiler der Ameisenökologie" bekannt ist. Bemerkenswerterweise kommt es nicht nur zwischen Kolonien unterschiedlicher Arten zu Konkurrenz (interspezifische Konkurrenz), sondern auch zwischen Kolonien derselben Art (intraspezifische Konkurrenz). Eine Ameisenkolonie kann beträchtliche Energieressourcen aufwenden, um ihre Vorherrschaft über ein Territorium oder ihre Nahrungsgründe zu etablieren und zu behaupten und um gegenüber Eindringlingen wachsam zu bleiben, die ihren Nistort oder Nahrungsressourcen zu übernehmen versuchen. Bei weniger dominanten Arten halten Sammlerinnen ständig nach dominanten Arten Ausschau und überprüfen per Antennenkontakt den „Freund oder Feind"-Status einer jeden Ameise, die ihren Weg kreuzt (Kapitel 4).

AMEISENKRIEGE

Konkurrenzbetonte Beziehungen können viele Formen annehmen. Im Extremfall kommt es zum Krieg. Ein Krieg unter Ameisen ist häufig territorial, anhaltend und brutal. Wenn eine *Oecophylla-longinoda*-Weberameisenkolonie gegen eine andere Kolonie in die Schlacht zieht, treten einzelne Arbeiterinnen und Gruppen von Arbeiterinnen einander gegenüber, und es kommt zu heftigem Imponieren, Antennenwedeln, Beißen und Zerren. Im Allgemeinen entscheidet eher die Anzahl der Arbeiterinnen als die Größe einer Arbeiterin über den Sieg. Mehrere Tiere können sich auf einen einzelnen Gegner stürzen und ihn überwältigen, indem sie ihn beißen oder sich an seine Beine und Antennen klammern und diese manchmal sogar abtrennen. Wenn sich eine Arbeiterin mitten in der Schlacht zeitweilig untätig findet, eilt sie zum Haupt-Nahrungssammelpfad ihrer Kolonie zurück und legt dabei eine Pheromonspur, um weitere Nestgenossinnen zu rekrutieren. Wie für so viele andere Verhaltensweisen nutzen Ameisen die Vorteile der Eusozialität voll aus, um die Vorherrschaft über einen Konkurrenten zu erlangen.

Die Honigtopfameise *Myrmecocystus mimicus* hat eine faszinierende Alternative entwickelt, wenn es darum geht, territoriale Konflikt gewaltlos zu lösen. Getriggert von Alarm-Rekrutierungspheromonen, schicken Kolonien dieser Art in unregelmäßigen Abständen Arbeitergruppen vom Nest aus. Wenn die Gruppe auf eine Gruppe einer anderen Kolonie trifft, beginnt ein ungewöhnliches Turnier. Zwei Arbeiterinnen, eine aus jeder Kolonie, treten einander gegenüber und schätzen einander ein, während sich jede so groß wie möglich macht; dabei setzen sie ihre Beine wie Stelzen ein, heben den Kopf möglichst hoch und pumpen ihre Gaster auf. Bei den meisten dieser Turniere kommt es nicht zum direkten Kampf, und die Arbeiterinnen töten einander auch nicht. Diese Strategie – nicht gewalttätige Einschätzung der Stärke – hilft jeder Kolonie möglicherweise, ein Nahrungsterritorium zu behaupten und ein Szenario zu vermeiden, bei dem beide Kolonien sehr viele Arbeiterinnen verlieren (selbst wenn eine Kolonie schließlich einen Pyrrhus-Sieg erringt). Ein solch unglückliches Szenario würde die Art im Vergleich zu anderen Ameisenarten der Gemeinschaft benachteiligen; daher könnte die natürliche Selektion bei Populationen dieser Art eine friedlichere Form der

LINKS: Drei *Pheidole-vafra*-Arbeiterinnen tun sich zusammen, um eine Blattschneiderameisen-Arbeiterin (*Acromyrmex disciger*) zu überwältigen; die Ameisen streiten dabei um einen köstlichen süßen Köder.

GEGENÜBER: Auf Beinen wie Stelzen bestreiten Honigtopfameisen ritualisierte Eine-gegen-eine-Turniere, um Territorialstreitigkeiten gewaltlos zu lösen.

innerartlichen Konfliktlösung gefördert haben. Aber selbst *M. mimicus* verhält sich nicht immer friedlich. In einigen wenigen Fällen, wenn eine Kolonie feststellt, dass sie deutlich größer ist als die andere, überfällt die stärkere Kolonie die schwächere, tötet deren Königin und stiehlt die Brut, zeigt also Kidnapper-Verhalten.

NESTVERTEIDIGUNG

Nistplätze, eine höchst wichtige Ressource für Ameisen, sind ebenfalls das Ziel von Konkurrenz unter Ameisen. Die scheiben- oder stöpselförmigen Köpfe von Soldatinnen, die man beispielsweise bei *Cephalotes*- oder *Colobobsis*-Arten findet, dienen offenbar vorwiegend zur Verteidigung gegen eine feindliche Übernahme durch andere Ameisen, die in die arborealen Nistplätze der Kolonie in Zweigen einzudringen versuchen. Die Evolution einer Soldaten-Unterkaste, die morphologisch und verhaltensbiologisch völlig auf die Nestverteidigung spezialisiert ist, spiegelt die Tatsache wider, dass Nistplätze für baumlebende Ameisen eine beschränkte Ressource sind. Da eine Kolonie zum Tode verurteilt ist, wenn sie keinen Nistplatz finden und behaupten kann, erhöht die begrenzte Anzahl von Nistmöglichkeiten die Konkurrenz und damit auch den ökologischen Druck auf Ameisenarten, Wege zu finden, andere Arten in einer lokalen Ameisengemeinschaft zu übertrumpfen.

Potenzielle Nistplätze sind auf dem Boden und in der Erde generell häufiger als in Bäumen. Man könnte daher erwarten, dass es bei Konkurrenz in terrestrischen Habitaten im Vergleich zu arborealen Habitaten häufiger um Nahrungsgründe und Nahrungsressourcen als um Nistplätze geht. Viele bodennistende Arten nisten denn auch tatsächlich in nur einem Meter Abstand voneinander, was zu dieser Annahme passt. Wie stark um Nistplätze konkurriert wird, ist jedoch unterschiedlich und hängt

OBEN LINKS: Das hochspezialisierte Verhalten zur Nestverteidigung bei *Cephalotes*-Arten schützt das Nest vor anderen Ameisen, die eine Kolonie auf der Suche nach einem neuen Nistplatz verdrängen wollen.

UNTEN LINKS: Major-Arbeiterinnen (Soldatinnen) von *Dinomyrmex gigas* aus verschiedenen Kolonien kämpfen, indem sie einander mit ihren Vorderbeinen „Boxhiebe“ versetzen.

OBEN: *Temnothorax rugatulus* nistet im Allgemeinen in bereits vorhandenen Gesteinsspalten, eine Vorliebe, die die Konkurrenz um Nistplätze befeuert, weil solche Spalten recht selten sind.

vom bevorzugten Nistsubstrat bodennistender Ameisenarten ab. Die Myrmicinenart *Temnothorax rugatulus* beispielsweise nistet häufig in vorgeformten Spalten im Gestein, eine seltenere Ressource im Vergleich zu dem Raum, der für weniger spezialisierte Erdnester zur Verfügung steht. Entsprechend wurde nachgewiesen, dass die Konkurrenz um Nistplätze für das Verhalten dieser Art eine wichtige Rolle spielt.

INDIREKTE KONKURRENZ

Konkurrenz zwischen Ameisen beschränkt sich nicht auf direkte Interaktionen, sondern kann auch die Form sogenannter indirekter Konkurrenz annehmen. Indirekte Konkurrenz bezieht sich auf Situationen, in denen sich die Nutzung einer Ressource durch eine Art negativ auf eine andere Art auswirkt, ohne dass es zwischen den Arten zu einem direkten Konflikt käme. Beispielsweise kann es zwischen zwei Ameisenarten, die beide Termiten jagen, untereinander zu einer indirekten Konkurrenz kommen, wenn eine Art nicht genügend Termitenbeute für die andere Art übriglässt, wodurch die Populationsgröße der zweiten Art auf die Dauer abnimmt. Ein interessanter Fall von indirekter Konkurrenz spielt sich in einer Wüste in Arizona ab, jedoch nicht zwischen zwei Ameisenarten, sondern zwischen samenfressenden Ameisen und samenfressenden Nagern. Aufgrund begrenzter Samenressourcen verringern lokale Ameisenarten, die Samen fressen, die Menge der für die Nager verfügbaren Samen, was wiederum die Anzahl der Nager in der Region begrenzt. Umgekehrt haben die Nager den gleichen Einfluss auf die Ameisen. Daher wächst im Experiment die Population der Ameisen, wenn die Nager ausgeschlossen werden, und umgekehrt. Eine solche Wechselbeziehung unterstreicht, dass die Konkurrenz von und durch Ameisen nicht nur andere Ameisenarten beeinflusst, sondern auch sehr weit entfernte Verwandte im Lebensraum von Ameisen, was unter Umständen weitreichende Konsequenzen für das ganze Ökosystem hat.

RESSOURCEN FINDEN, RESSOURCEN HALTEN ... ODER DOCH NICHT?

Angesichts der Intensität und Bedeutung, die Konkurrenz in der Ökologie von Ameisen spielt, mag es überraschen, dass eine große Zahl von Arten in ein und demselben Habitat koexistieren kann. In einem tropischen Regenwald in Uganda zählten Forscher:innen auf einem einzigen Baum 37 verschiedene Ameisenarten. Selbst stark gestörte städtische Ökosysteme wie der New Yorker Stadtteil Manhattan beherbergen mehr als 40 Ameisenarten. Wie bei der Entwicklung von Merkmalen über einen evolutionären Zeitraum (Kapitel 2) können evolutionäre Abwägungsmechanismen die Koexistenz von Arten erklären.

Eine Aufteilung von ökologischen Nischen spielt für die Artenvielfalt sicherlich eine große Rolle. Eine ökologische Nische ist definiert als eine spezifische Kombination von Ressourcen (z. B. Nahrung und Schutz) und Umweltbedingungen (z. B. Feuchtigkeit und Temperatur), die von einer Art genutzt werden, um sich erfolgreich zu entwickeln und fortzupflanzen. Indem sich unterschiedliche Ameisenarten einzigartige Nischen erschließen, können sie koexistieren. Bei den oben erwähnten 37 Arten auf einem einzigen Baum in Uganda ist es wahrscheinlich, dass – selbst bei intensiver Nistplatzkonkurrenz zwischen Arten, die ähnliche Sturkturen des Baums nutzen – verschiedene Arten unterschiedliche Nistplatztypen wählen: So nisten einige vielleicht unter Rinde, andere in Zweigen, wieder andere auf oder zwischen Blättern. Diese Nischenaufteilung verringert die Konkurrenz von Arten um dieselben Ressourcen. Selbst wenn zwei verschiedene Arten dieselbe Nistressource nutzen, beispielsweise bereits existierende Hohlräume in Zweigen, ist eine Art vielleicht auf der Suche nach einem bestimmten Nahrungstyp geschickter, während die andere Art besser an das Auffinden einer anderen Nahrungsquelle angepasst ist. Das führt zu einem Gleichgewicht, bei dem die Schwächen einer Art relativ zu ihrer Konkurrenz durch die Stärken dieser Art bei anderen Komponenten ihrer Nische ausgeglichen werden. In den Florida Keys nisten sowohl *Cephalotes varians* als auch die nicht einheimische *Pseudomyrmex gracilis* in toten Zweigen. Beide Arten ernähren sich jedoch höchst unterschiedlich: *C. varians* sammelt Pollen, während *P. gracilis* andere Insekten erbeutet und manchmal auch Honigtau von Hemipterensymbionten erntet. Diese Unterschiede in der Ernährung erklären vermutlich, warum die beiden Arten koexistieren können.

ENTDECKUNG ODER DOMINANZ?

Um die Koexistenz von Ameisenarten zu erklären, wurde als wichtige Hypothese das sogenannte *Discovery-Dominace Trade off* (auf Deutsch etwa: Entdeckungs-Dominanz-Ausgleich) vorgeschlagen. Laut dieser Hypothese, die bei vielen Ameisenarten und -gemeinschaften untersucht worden ist, haben sich bei der Nahrungssuche verschiedene Vorgehensweisen entwickelt, um Konkurrenz zwischen Arten zu vermeiden, was zu einer höheren Zahl von Arten geführt hat, die in ein und demselben Lebensraum existieren können. Entdeckungsorientierte Arten senden mehr Kundschafter aus und priorisieren daher das effiziente Entdecken von Nahrungsquellen. Den theoretischen Erwartungen zufolge sollte diese Investition gegen die Fähigkeit abgewogen werden, die Kontrolle oder Dominanz über eine Ressource zu behalten, sobald sie einmal entdeckt wurde. Dominanzorientierte Arten produzieren hingegen weniger Kundschafter und brauchen länger, um Nahrung zu entdecken. Wenn sie erst einmal eine Nahrungsquelle gefunden haben, sind dominante Arten jedoch besser in der Lage, die Kontrolle darüber zu behalten, indem sie konkurrierende Ameisen vom Eindringen und Stehlen der Nahrung abhalten. Möglicherweise können dominanzorientierte Arten die stärker entdeckungsorientierten Arten auch von einer Nahrungsquelle vertreiben, die diese ursprünglich entdeckt haben.

LINKS: Ameisen wie *Formica subsericea* konkurrieren um Hemipterensymbionten wie diese Buckelzikaden, die ihrerseits um die Dienste der Ameisen konkurrieren.

GEGENÜBER: *Pseudomyrmex gracilis*, die ursprünglich aus Mexiko stammt und mittlerweile im Südosten der USA und auf den Karibischen Inseln eingeschleppt wurde, nistet im Inneren toter hohler Zweige.

RECHTS: Eine *Aphaenogaster-rudis*-Arbeiterin trägt ein Pflanzenstück, das sie potenziell als Werkzeug zum Aufsaugen und Transportieren flüssiger Nahrung gebrauchen kann. Werkzeuggebrauch könnte dieser Art einen Wettbewerbsvorteil verschaffen.

Ein gutes Beispiel für den „Tauschhandel“ zwischen Entdeckung und Dominanz wurde bei vier stark invasiven Arten gefunden: der Argentinischen Ameise *(Linepithema humile)*, der Vergessenen Wegameise *(Lasius neglectus)*, der großköpfigen *Pheidole megacephala* und der Kleinen Feuerameise (*Wasmannia auropunctata*). Mithilfe von künstlichen, im Labor gelegten Spuren zeigten die Forscher:innen, dass die Kleine Feuerameise, die dominanteste der vier Arten, signifikant langsamer war als die anderen drei, was die Entdeckung von Ressourcen und die Rekrutierung von Arbeiterinnen anging. Umgekehrt waren *Pheidole megacephala* und die Argentinische Ameise die am wenigsten dominanten Arten, aber die erfolgreichsten, wenn es um die Entdeckung von Nahrungsressourcen und um Rekrutierung ging. Die Vergessene Wegameise zeigte ein intermediäres Maß an Dominanz und auch intermediäre Entdeckungs- und Rekrutierungsfähigkeiten. Natürlich findet man eine derartige Entdeckungs-Dominanz-Beziehung nicht nur bei diesen invasiven Spezies, sondern auch bei nativen Ameisengemeinschaften, zum Beispiel im Chiricahua Mountain Woodland in Arizona oder im Atlantischen Regenwald in Mata de Santa Genebra, Brasilien.

OBEN: Größer heißt bei Ameisen nicht immer besser, wie hier von mehreren *Tetramorium-sericeiventre*-Arbeiterinnen demonstriert wird, die eine große *Pheidole*-Soldatin überwältigen.

RECHTS: Die in Australien heimische *Iridomyrmex purpureus* ist mehreren anderen Ameisenarten gegenüber dominant, doch die Aggression zwischen Kolonien der eigenen Art verhindert möglicherweise die vollständige kompetitive Vertreibung der anderen Arten aus der lokalen Umgebung.

Neuere Ergebnisse haben Zweifel an der allgemeinen Anwendbarkeit der Entdeckungs-Dominanz-Hypothese geweckt: Auch wenn das obige Beispiel den „Tauschhandel" zwischen invasiven Arten demonstriert, steht die Beziehung zwischen invasiven gebietsfremden und einheimischen (nativen) Arten zum einen generell in Konflikt mit Entdeckungs- und Dominanz-Erwartungen, denn invasive Arten entdecken Ressourcen schneller und dominieren Ressourcen besser als native Arten. Zum anderen ergab eine Metaanalyse, dass die Belege für eine klare Entdeckungs-Dominanz-Beziehung in den meisten publizierten Studien schwach sind, obwohl die Hypothese seit Jahrzehnten in der ökologischen Ameisenforschung verwendet wird. Daher könnte sich herausstellen, dass Nischendifferenzierung und andere Faktoren beim Aufrechterhalt der Artenvielfalt von Ameisen eine größere Rolle spielen als ein Tauschhandel zwischen Entdeckung und Dominanz.

UNTEN: Die Ergebnisse von Bertelsmeier et al. (2015) zeigen bei vier invasiven Arten: Wenn die Rekrutierung von Arbeiterinnen (Dominanz) steigt, sinkt die Geschwindigkeit, mit der Ressourcen entdeckt werden.

„TAUSCHHANDEL" ZWISCHEN ENTDECKUNG UND DOMINANZ

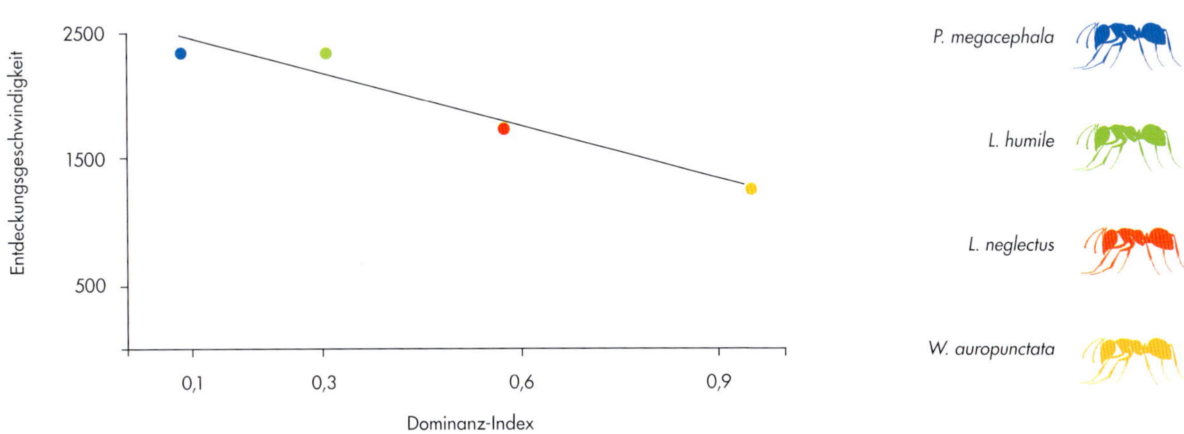

SYMBIOSEN UND ANDERE BEZIEHUNGEN

Ameisen haben eine breite Palette von Symbiosen mit anderen Insekten- und Nicht-Insekten-Arten ausgebildet, darunter auch Pflanzen und Pilze. Infolge ihrer Artenvielfalt und ihres ökologischen Erfolgs sind Ameisen jedoch auch oft das Ziel von „kommensalistischen" Arten, die das Verhalten von Ameisen nutzen, ohne sie negativ zu beeinflussen, sowie von parasitischen Arten, die Ameisen ausnutzen und ihnen dabei Schaden zufügen. Die Komplexität dieser gegenseitigen Beziehungen kann zu komplizierten Artennetzwerken führen, die dort, wo sie auftreten, die Koexistenz von Ameisenarten unter Umständen erhöhen können. Zum Begriff der Symbiose: Im Deutschen wird damit in den meisten Fällen eine wechselseitig positive Beziehung beschrieben. In der wissenschaftlichen Literatur umfassen Symbiosen aber auch parasitäre Beziehungen. Für Win-win-Situationen wird dort der Begriff Mutualismus verwendet. In diesem Kapitel werden Beziehungen, von denen beide Seiten profitieren, als Symbiosen bezeichnet.

INSEKTEN

Die am weitesten verbreitete symbiotische Beziehung von Ameisen ist wohl die zwischen Ameisen und pflanzensäftesaugenden Insekten der Ordnung Hemiptera. Blattläuse sind kleine Insekten, die ihre langen, dünnen, wie Hohlnadeln geformten Mundwerkzeuge benutzen, um Saft aus dem Phloem zu saugen (als Teil des „Leitungsgewebes" transportiert das Phloem Nährstoffe durch die Pflanze). Aus dem Phloemsaft gewinnen die Blattläuse Proteine, aber auch viele Kohlenhydrate (Zucker). Da der Phloemsaft unter Druck steht und mehr Zucker enthält, als die Blattläuse verdauen können, scheiden sie eine zuckrige, klebrige Flüssigkeit aus dem After aus, den sogenannten Honigtau. Ameisen suchen häufig kohlehydratreiche Nahrungsquellen auf und ernten den Honigtau der Blattläuse. Tatsächlich halten viele Ameisenarten Blattläuse wie Nutzvieh, schützen sie vor Fressfeinden wie Marienkäfern und transportieren sie „auf grünere Weiden", wenn die Wirtspflanzen der Blattläuse zu welken beginnen. Die Arbeiterinnen „melken" die Blattläuse, indem sie diese mit ihren Antennen streicheln, und es wurde sogar beobachtet, dass sie über die Wintermonate Blattlauseier in ihr Nest bringen, um sie vor Kälte zu schützen.

Aber Blattläuse sind nicht die einzigen Insekten, die von Ameisen gehütet und gemolken werden. Andere Hemipteren wie Schildläuse und Schmierläuse versorgen Ameisen im Austausch gegen Pflege, einschließlich Schutz vor Fressfeinden, ebenfalls mit Honigtau. Selbst die Raupen einiger Schmetterlinge aus der Familie Lycaenidae (Bläulinge) können Honigtau produzieren. Da diese verschiedenen Honigtau produzierenden Insekten und Ameisensymbionten weltweit verbreitet sind, steht Honigtau auf dem Speiseplan vieler Ameisenarten aus ganz verschiedenen Unterfamilien. Bei einigen Arten ist diese Beziehung eine „obligatorische Symbiose", das heißt, die Ameisen sind völlig von ihren Symbionten abhängig und ihre Symbionten völlig von ihnen – der eine Partner kann ohne den anderen nicht überleben. Die Ameise *Acropyga epedana* (Unterfamilie Formicinae) lebt in einer obligaten symbiotischen Beziehung mit der Schmierlaus *Rhizoecus colombiensis* – auf dem Hochzeitsflug tragen die unbegatteten Königinnen Schmierläuse zwischen ihren Mandibeln, um eine Population „anzuzüchten", wenn sie ein Nest gründen. In den meisten Fällen ist die „Nutzviehhaltung" jedoch eine „fakultative Symbiose", beispielsweise bei den Waldameisen der Gattung *Formica*. Wie bei anderen fakultativen Symbiosen können die Ameisen ebenso wie die Blattläuse auch ohne einander überleben, zeigen aber ein symbiotisches Verhalten, wenn sich die Gelegenheit bietet.

BÄUME

Ein klassisches Beispiel für eine obligatorische Symbiose findet man bei *Pseudomyrmex-ferruginea*-Ameisen. Wie viele andere Arten dieser Gattung sind diese zentralamerikanischen Ameisen eine enge Beziehung mit einigen Baumarten der Gattung *Vachellia* (früher *Acacia*) eingegangen. Diese Bäume bilden Domatien aus, in diesem Fall lange, spezialisierte hohle Dornen, in denen *Pseudomyrmex*-Arten Nester anlegen. Zudem produzieren *Vachellia*-Bäume zwei spezielle Nahrungsquellen für ihre Ameisengäste: Beltsche Körperchen, eiweiß-, zucker- und fettreiche Gebilde, sowie extraflorale Nektarien, Drüsengewebe, das süßen

IM UHRZEIGERSINN VON OBEN LINKS: *Paratrechina-longicornis*-Arbeiterinnen kümmern sich um Zikadennymphen, *Lasius*-Arbeiterinnen pflegen Blattläuse; *Meranoplus-mucronatus*-Arbeiterinnen hüten Hemiptera-Nymphen, und *Technomyrmex*-Arbeiterinnen kümmern sich um Schildläuse. Eine symbiotische Beziehung, bei der Nahrung zur Verfügung gestellt wird, wird als Trophobiosis bezeichnet.

Nektar ausscheidet und außerhalb der Blüte sitzt. Wenn eine Pflanze so viel Energie investiert, um den Ameisen Nahrung und Schutz zu bieten, ist zu erwarten, dass die Ameisen ihrem Wirtsbaum im Gegenzug einen großen Vorteil verschaffen, und dies ist tatsächlich der Fall. *Pseudomyrmex-ferruginea*-Ameisen besitzen einen kräftigen Stachel und reagieren auf jede Erschütterung, die einen Pflanzenfresser auf Nahrungssuche ankündigen könnte, mit einer raschen Reaktion der ganzen Ameisenkolonie. Sie befreit den Baum auch von Konkurrenz, indem die Ameisen Sämlinge, die in der Nähe ihrer Wirtspflanze keimen, regelmäßig abknipsen. Diese Symbiose ist obligatorisch, denn wenn *Pseudomyrmex*-Ameisen fehlen, können die Wirtsbäume Pflanzenfressern und Konkurrenzarten nicht standhalten und kommen nur selten, wenn überhaupt, so weit, dass sie sich erfolgreich fortpflanzen können.

Wegen ihrer symbiotischen Beziehung zu Ameisen zählen *Vachellia*-Bäume zu den sogenannten Myrmekophyten oder Ameisenpflanzen. Weltweit gibt es mehr als 700 Ameisenpflanzenarten in über 100 Gattungen, was die große Bedeutung von Ameisen in terrestrischen Ökosystemen belegt. Diese Ameisenpflanzen sind nicht alle obligat myrmekophil. Eine häufige fakultative Ameisen-Pflanzen-Symbiose ist die Myrmekochorie oder

Samenausbreitung durch Ameisen. So verbreiten Arten in der Gattung *Aphaenogaster* (Unterfamilie Myrmicinae) häufig die Samen myrmekochorer Ameisenpflanzen in nordamerikanischen Mischwäldern. Wie die meisten samenverbreitenden Ameisen sammeln *Aphaenogaster*-Arbeiterinnen die Samen, weil diese ein Elaiosom (Ölkörperchen) besitzen – ein fett- und eiweißreiches Samenanhängsel, das Ameisenpflanzen ausbilden, damit die Ameisen die Samen zurück ins Nest schaffen, um das Elaiosom dort abzubeißen. Anschließend lassen die Arbeiterinnen die Samen entweder außerhalb des Nests liegen oder lagern sie in unterirdischen Nistkammern ein, die zur Speicherung von Abfällen dienen (Müllgruben). Im Gegenzug für die Produktion des

Elaiosoms können Ameisenpflanzen durchschnittlich eine weitere Ausbreitung erreichen, was die Konkurrenz mit den eigenen Nachkommen verringert, die einträte, wenn die meisten Samen in der Nähe keimten. Zusätzlich bietet eine „Müllgrube" mit sich zersetzender organischer Materie ein nahrhafteres Substrat für Samen, die dort zudem nicht so leicht von Tieren gefressen werden – all dies erhöht die Wahrscheinlichkeit für erfolgreiches Wachstum und Fortpflanzung.

PILZE

Die wohl komplexeste Symbiose findet sich bei Blattschneiderameisen der Gattung *Atta* (und anderen eng verwandten Arten im Tribus Attini). Auch wenn sich ihr Trivialname auf Blätter bezieht, gehen Blattschneiderameisen nicht mit Pflanzen, sondern mit Pilzen eine Symbiose ein. In ihren großen unterirdischen Nestern unterhalten die Arbeiterinnen Pilzfarmen, wobei Feuchtigkeit und Temperatur in diesen Anlagen genau auf die Bedürfnisse des Pilzes abgestimmt sind. Die Pilze werden mit einem ständigen Nachschub an Blättern „gefüttert", die durch die koordinierte Sammeltätigkeit von bis zu vielen Hunderttausend Arbeiterinnen abgeschnitten und ins Nest transportiert werden. Im Nest werden die Blätter von kleineren Arbeiterinnen zerkleinert und als Mulch ausgebracht; anschließend wird Pilzgewebe auf dem Substrat platziert. Dessen gesunde Entwicklung wird von anderen Arbeiterinnen überwacht, die auch unerwünschten Schimmel entfernen. Die Arbeiterinnen verzehren einen Teil des Pilzgewebes und sorgen gleichzeitig für einen stabilen und ertragreichen Pilzgarten. Ameisen können gewöhnlich keine Blätter als Nahrungsressource nutzen; daher ermöglicht diese obligate Symbiose Blattschneiderameisenarten den Zugang zu einer üppigen Nahrungsquelle, die ihnen von konkurrierenden, nicht symbiotischen Ameisenarten nicht streitig gemacht werden kann. Der Pilz lebt dafür in einem massiven, gut geschützten Ameisennest und wird ständig gefüttert und umsorgt.

GEGENÜBER OBEN: Dafür, dass Blattläuse Ameisen mit Nahrung versorgen, werden sie von ihnen gegen verschiedene Fressfeinde verteidigt, hier ein Marienkäfer.

GEGENÜBER UNTEN: Eine *Formica-francoeuri*-Arbeiterin betastet die Raupe eines symbiotischen Bläulings, *Lycaena xanthoides*.

RECHTS: *Aphaenogaster-fulva*-Arbeiterinnen sind dabei, ein schmackhaftes Elaiosom von einem Samen abzutrennen, hier von einer Kanadischen Blutwurz *(Sanguinaria canadensis)*, deren Samen sie verbreiten.

PROFITEURE, DIE NICHT SCHADEN

Zahlreiche Nicht-Ameisen, andere Wirbellose wie auch viele Wirbeltiere, haben Beziehungen zu Ameisen entwickelt, die *ihnen* Vorteile bringen, für die Ameisen aber weder von Vorteil noch von Nachteil sind; das bezeichnet man als Kommensalismus. Verschiedene Verhaltensweisen von Ameisen bieten Gelegenheit für Kommensalen, ungenutzten Raum oder ausrangierte Ressourcen zu nutzen. Da Kommersalen ihre Ameisenwirte im Gegensatz zu Parasiten nicht schädigen, setzen diese auch keine Gegenmaßnahmen ein, was auf Kosten der Kommensalen ginge.

AUSSERHALB DES NESTS

Die Heerzüge nomadischer Wanderameisen der Gattung *Eciton,* die lokal zu großen Zerstörungen führen, haben zur Entwicklung einer bemerkenswert vielfältigen Gemeinschaft von kommensalistischen Nutznießern geführt. In der Familie der Ameisenvögel (Thamnophilidae) haben sich allein 18 Arten auf den Fang von Wirbellosen und sogar kleinen Wirbeltieren spezialisiert, die fliehen, wenn eine Kolonie von Wanderameisen anrückt. Einige weitere Ameisenvögel nutzen diese Taktik zur Nahrungssuche fakultativ, sind allerdings keine obligatorischen „Gefolgsleute" von Ameisen, wie die spezialisierten Arten. Damit steigt die Gesamtzahl von Ameisenvögeln, die Ameisen zumindest gelegentlich folgen, auf über 200 Arten. Neben Vögeln sind auch andere Tiere in ähnlicher Weise Kommensalen von *Eciton*-Wanderameisen wie auch Wanderameisen anderer Gattungen. Das Silberfischchen *Malayatelura ponerophila* beispielsweise lebt mitten unter *Leptogenys distinguenda,* einer der südostasiatischen Wanderameisenarten, und geht mit der nomadischen Kolonne auf Nahrungssuche. Dabei vermeidet das Silberfischchen eine Entdeckung, indem es sich „maskiert" und an frisch geschlüpften Wanderameisen-Arbeiterinnen reibt, um den typischen Nestgeruch der Kolonie anzunehmen.

LINKS: Die breiten „Heerzüge" der Wanderameise *Eciton rapax* bieten unauffälligen Kommensalen Gelegenheit, sich in der Ameisenkolonne zu verbergen.

OBEN: Der Halsband-Ameisenvogel *Phaenostictus mcleannani,* eine obligate Gefolgsart von Wanderameisen, beobachtet eine nomadische Kolonie.

LINKS: Mehr als 100 Milben sichern sich eine kostenlose Beförderung auf der Gaster einer *Tetramorium-tsushimae*-Königin.

IM INNEREN DES NESTS

Eine andere Form des Ameisen-assoziierten Kommensalismus findet im Nest selbst statt, wo bestimmte Arten unter den Ameisen leben, sich aber „positiv" verhalten, indem sie Abfälle und Schimmel fressen. Die Assel *Platyarthrus hoffmannseggii* beispielsweise frisst Ameisenkot und Schimmel. Während diese Beziehung für die Assel, die selten außerhalb von Ameisennestern gesichtet wird, überlebensnotwendig ist, scheint sie den Ameisenwirt nicht zu beeinflussen und ist daher als obligatorischer Kommensalismus klassifiziert. Auch alle Arten der Milbengattung *Lemanniella* leben in Ameisennestern, und mindestens eine Art, *L. minotauri,* ist dabei beobachtet worden, wie sie einen schwarzen Pilz fraß, der auf Holz im Nest der Braunen Wegameise, *Lasius brunneus,* wuchs. Bekannt ist, dass sich eine ganze Kategorie von Milben, sogenannte phoretische Milben, an Ameisen klammert, um sich zu verbreiten, ihren Ameisenwirten aber ansonsten offenbar keinen Schaden zufügen. Es ist jedoch möglich, dass diese und andere im Allgemeinen kommensalistische Beziehungen parasitisch werden können. Wenn die Population der Nichtameisen-Art stark anwächst, könnte es zum Beispiel zu Raumnot, Nahrungsmangel oder eingeschränkter Bewegungsfreiheit kommen, sodass die Ameisenkolonie negative Auswirkungen zu spüren beginnt und die Wechselwirkung damit parasitisch würde.

AMEISENMIMIKRY

Ameisenmimikry – vor allem unter Spinnen verbreitet – ist eine Verteidigungsstrategie, die sich die starken Verteidigungsreaktionen vieler Ameisenarten zunutze macht. Wirbellose, die vortäuschen, Ameisen zu sein, ahmen Aussehen, Verhalten und manchmal sogar das chemische Profil von Ameisen möglichst exakt nach. Damit suchen sie vom erlernten Verhalten von Ameisen-Prädatoren zu profitieren, die schlechte Erfahrungen mit dem Verzehr aggressiver Ameisen gemacht haben, und sparen sich die energetischen Kosten für die Entwicklung einer vergleichbar aggressiven Verteidigung. Dabei profitieren Spinnenarten, die eine Ameisenmimikry zeigen, wahrscheinlich von der scharfen Wahrnehmung von Vögeln und anderen Insektenfressern: Die Spinnen bilden Aussehen und Verhalten von Ameisen oft täuschend nach. Dazu gehören morphologische Anpassungen wie

eine deutlich erkennbare Einschnürung des Abdomens, die den charakteristischen Petiolus echter Ameisen widerspiegelt (Kapitel 1), und Verhaltensanpassungen, indem die Nachahmer mit ihren beiden erhobenen Vorderbeinen wie mit Antennen winken. Ameisenmimikry ist für das Ameisenvorbild wahrscheinlich neutral; allerdings könnten zu viele Ameisennachahmer in einem gegebenen Habitat dazu führen, dass Prädatoren nicht so schnell lernen, dass wie Ameisen aussehende Beute gefährlich ist, was zu einem gesteigerten Jagddruck auf echte Ameisen führen könnte.

OBEN LINKS: Spinnen, die Ameisen nachahmen, kopieren die Ameisenantennen, indem sie ihre beiden Vorderbeine nach oben strecken.

OBEN RECHTS: Der goldene Flaum, das eingeschnürte Abdomen und die gesamte Körperform dieser Ameisen nachahmenden Spinne erinnert stark an ihr Ameisen-Vorbild, *Polyrhachis illaudata* (unten).

RECHTS: Die stark bewehrten *Polyrhachis-illaudata*-Ameisen sind ein attraktives Vorbild für Spinnen, die sich als Ameisen „verkleiden".

VAGABUNDIERENDE JÄGER UND DER FEIND IM INNEREN

Ameisen können gefräßige Prädatoren sein, aber sie sind auch Beute. Die Zahl der myrmekophagen (ameisenfressenden) Tiere ist relativ klein, wenn man bedenkt, wie allgegenwärtig Ameisen sind. Das liegt wahrscheinlich an ihren zahlreichen Defensivwaffen, mit denen sie sich gegen Fressfeinde verteidigen (Kapitel 4), doch einige Arten haben Wege gefunden, verschiedene Verteidigungsmaßnahmen von Ameisen zu unterlaufen. Andere Arten haben sich zu Ameisenparasiten entwickelt.

AMEISENFRESSER

Eine Reihe großer Säuger sind Ameisenfresser. Vom Lippenbär über Ameisenbären, Schuppentiere und Gürteltiere bis zum Ameisenigel – jeder dieser Ameisenfresser ist hoch spezialisiert auf seine Ameisen- bzw. Termitenkost. Der Ameisenbär beispielsweise hat eine äußerst lange Schnauze und Zunge, mit denen er tief in Ameisenhügel eindringen und bis zu 30 000 Ameisen pro Tag erbeuten kann. Da Ameisenbären keine Zähne haben, müssen sie sich auf ihren starken Magen verlassen, um die verschlungenen Ameisen zu zerkleinern, und sie verschlucken sogar Sand und kleine Steine, um die zähe Beute zu verdauen. Interessanterweise fressen auch Schuppentiere (Pangoline) Steinchen und Sand, um die Verdauung zu unterstützen, obwohl sie ganz unabhängig von Ameisenbären eine myrmekophage Ernährung entwickelt haben. Solche extremen Merkmale und Verhaltensweise zeigen, wie schwierig es ist, Ameisen zu erbeuten und zu verdauen.

Zu weiteren Ameisenprädatoren gehören einige Spinnenarten (vor allem Springspinnen [Salticidae]), Vögel, Schlangen, Krötenechsen, Frösche, unter den Insekten zum Beispiel Ameisenlöwen sowie Menschen (Kapitel 6). Frösche sind besonders effiziente Myrmekophagen, vor allem Engmaulfrösche (Microhylidae) und Baumsteigerfrösche (Dendrobatidae; auch Pfeilgiftfrösche oder Farbfrösche genannt). In diesen Gruppen können mehr als 75 Prozent der Nahrung eines Frosches aus Ameisen bestehen; mehrere Arten sind Ameisen-Spezialisten. Einige der giftigsten Baumsteigerfrösche verzehren Ameisen nicht nur ohne Probleme, sondern beziehen zudem ihr tödliches Gift aus den erbeuteten Ameisen. Diese Frösche sequestrieren sogenannte Alkaloide, die die Ameisen möglicherweise für Pheromonspuren oder zur Verteidigung nutzen, so im Stachel einiger Myrmicinen oder in versprühtem Wehrsekret bei Schuppenameisen (Formicinae).

RECHTS: Mit einer raschen Bewegung packt ein Ameisenlöwe, eine Larve der Dünen-Ameisenjungfer *(Myrmeleon bore)*, das Hinterbein einer Ameise, die in seine Trichterfalle geraten ist.

PARASITEN UND PARASITOIDE

Ameisen müssen sich nicht nur mit verschiedenen Myrmekophagen herumschlagen, sondern auch mit gefährlichen Parasiten und Parasitoiden. Sozialparasitismus durch andere Ameisen via Kidnapping und Nestokkupation haben wir in Kapitel 3 besprochen. Parasitoide Buckelfliegen (Phoridae) belästigen nahrungssammelnde Arbeiterinnen, indem sie über ihnen kreisen und dann niederstoßen, um ihre Eier in die Arbeiterinnen zu legen. Diese Fliegen werden als Parasitoide bezeichnet, denn sie töten ihren Wirt am Ende, während Parasiten ihren Wirt gewöhnlich zwar schädigen, aber nicht umbringen. Zunächst legt ein trächtiges Weibchen mithilfe seines langen Ovipositors ein Ei in eine Ameise. Dort schlüpft aus dem Ei eine Larve und

OBEN LINKS: Wenn Ameisen über ihnen kreisende „Scharfrichterfliegen" wie diese *Apocephalus*-Art (Familie Buckelfliegen, Phoridae) entdecken, nehmen sie häufig eine aggressive Verteidigungshaltung ein.

LINKS: Ameisen erzeugen in ihrer Pygidialdrüse chemische Verbindungen, mit deren Hilfe parasitoide Buckelfliegen potenzielle Wirte lokalisieren können. Diese beiden Fliegen trafen innerhalb weniger Minuten ein, nachdem der Fotograf ein *Pheidole-dentata*-Nest aufgedeckt hatte.

OBEN: Diese Ameise ist mit einem Pilz infiziert, der ihr Verhalten ändert, und verkrallt sich in ein Blatt, während ihr Körper von dem Eindringling übernommen wird.

OBEN RECHTS: Die beerenrote Färbung des Gasters von *Cephalotes atratus* wird von einem parasitischen Nematoden hervorgerufen, der letztlich darauf aus ist, im Verdauungstrakt eines Vogels zu landen.

frisst ihren noch lebenden Wirt von innen auf. Schließlich verpuppt sich die Buckelfliegenlarve in der Ameise, die zu diesem Zeitpunkt in der Regel bereits tot ist, und aus der Ameisenhülle schlüpft eine adulte Fliege. Bei *Pseudacteon*-Fliegen, im Englischen *Ant-Decapitating Flies* (Ameisen-enthauptende Fliegen), im Deutschen auch „Scharfrichterfliegen" genannt, wandert die Larve in einem frühen Entwicklungsstadium in den Kopf der Ameise ein. Dort beginnt sie, das Gehirn ihres Wirts aufzufressen, bis die Ameise schließlich planlos umherzuwandern beginnt. Nach einer Weile setzt die Larve dann ein Enzym frei, durch das die Ameise dekapitiert wird, und setzt ihre Entwicklung in deren Kopfkapsel fort.

Auch andere Parasitoide können krasse Verhaltensveränderungen bei Ameisen hervorrufen, darunter pathogene Pilze. Der Vorgang beginnt zum Beispiel mit einer *Ophiocordyceps*-Spore; diese landet auf einer nichtsahnenden tropischen Ameise, die auf den Waldboden oder im Kronendach nach Nahrung sucht, und infiziert sie. Mit der Zeit verändert der Pilz das Verhalten der Ameise, veranlasst sie dazu, fort vom Nest zu wandern und sich mit ihren Mandibeln an einem Pflanzenstängel oder einer dicken Blattader festzubeißen. Langsam geht die Ameise zugrunde, während sich in ihrem Inneren der Pilz entwickelt und schließlich als Fruchtkörper (einer oder mehrere) aus der toten Ameise hervorbricht und neue Sporen bildet, die den nächsten Wirt infizieren können. Etwas anderes passiert beim Befall mit einem parasitischen Nematoden; er bewirkt, dass sich die Gaster von *Cephalotes-atratus*-Arbeiterinnen leuchtend rot verfärbt. Diese Färbung veranlasst Vögel dazu, die Gaster mit einer schmackhaften Beere zu verwechseln und zu verschlucken, was den nächsten Schritt im Entwicklungszyklus des parasitischen Nematoden einleitet.

AMEISEN IM ANTHROPOZÄN

Myrmekophagen und Parasiten wie Ameisenbären, Frösche und Buckelfliegen (Phoridae) sind zweifellos eine ernst zu nehmende Bedrohung für Ameisen, doch eine einzige „Tierart" beeinflusst Ameisengemeinschaften weltweit ungleich mehr: *Homo sapiens.* Der Mensch hat seine Umwelt weltweit drastisch umgeformt, was zu derart großen Veränderungen der Biodiversität und Ökologie praktisch aller taxonomischen Gruppen geführt hat, dass Wissenschaftler:innen für das gegenwärtige geologische Zeitalter den Begriff „Anthropozän" geprägt haben. Ameisen können als Gruppe bemerkenswert resilient auf ökologische Störungen reagieren, doch Habitatverluste durch die Ausdehnung landwirtschaftlicher Flächen und Verstädterung verändern nichtsdestotrotz native Ameisengesellschaften signifikant.

UMWANDLUNG VON NATÜRLICHEN FLÄCHEN

Durch die Umwandlung von naürlichen Habitaten in Agrarland für den Nutzpflanzenanbau oder Weidewirtschaft entsteht eine Umwelt, die weitaus weniger komplex strukturiert ist und daher weniger Mikrohabitate sowie Nahrungsquellen für Ameisen bietet. In Südostasien reduziert die Umwandlung von tropischem Regenwald in ausgedehnte Kautschukplantagen die Vielfalt der heimischen Ameisen um 30 Prozent oder mehr. Und nicht nur die Artenvielfalt ist betroffen, sondern auch die Artenzusammensetzung. Vergleicht man die Ameisengemeinschaften in Kautschukplantagen mit denjenigen in eher heterogenen Regenwäldern derselben Region, so enthalten erstere mehr invasive Arten, die Ähnlichkeit der Artzusammensetzung zwischen verschiedenen Standorten ist größer, und es herrscht eine geringere „funkionelle Diversität" (Variation in Artmerkmalen, die ökologischen Funktio-

UNTEN LINKS: Die Kolonien der Wohlriechenden Hausameise *(Tapinoma sessile)* sind in naturbelassenen Habitaten klein, in von Menschen gestörten Lebensräumen können sie jedoch auf mehr als 10 000 Arbeiterinnen anschwellen.

OBEN: Für omnivore Ameisenarten mit flexibler Ernährungsweise sind menschliche Nahrungsabfälle wie Wassermelonenreste eine Nahrungsquelle, die selbst in stark gestörten urbanen und suburbanen Lebensräumen große Populationen unterhalten können.

GEGENÜBER: Weberameisen der Gattung *Oecophylla* sind aggressive Prädatoren, die andere Insekten erbeuten, darunter auch Pflanzenschädlinge. Einige Landwirte siedeln daher ihre Nester in Obstbaumplantagen um, um den Ernteertrag der Bäume zu erhöhen.

nen dienen). Ebenso haben Forscher:innen im brasilianischen Amazonas-Regenwald herausgefunden, dass zusätzlich zum Rückgang des Artenreichtums von Ameisen, der einem Gradienten von ursprünglichem Regenwald zu stark gestörtem Weideland folgt, auch Abundanz und Komplexität der Ameisengemeinschaften abnehmen. Solche Befunde zeigen, dass Agrarlebensräume, die mehr Komplexität und mehr heimische Pflanzengemeinschaften erhalten, wie Kaffeeplantagen mit Schattenbäumen (Kapitel 6), ihrerseits eine stabilere Ameisengemeinschaft erhalten können.

Die Verstädterung übt ebenfalls einen starken Einfluss auf Ameisen aus. Aufgrund von Habitatpräferenzen und der flexiblen Ernährungsweise vieler Ameisenarten können selbst in den am stärksten gestörten städtischen Umgebungen der Welt erstaunlich artenreiche Ameisengemeinschaften überleben. Auf 44 Grünstreifen in New York City fanden sich mindestens 13 verschiedene Ameisenarten aus 11 Gattungen. 2012 wurde auf dem Grünstreifen bei 63rd Street und Broadway eine möglicherweise neue, zuvor in Nordamerika unbekannte Art entdeckt, die voller Zuneigung „ManhattAnt" (Manhattan-Ameise) getauft wurde. Bei der radikalen Umwandlung von Grasgebieten, Feuchtgebieten, Wäldern und anderen natürlichen Lebensräumen in ausgedehnte Betonwüsten können Ameisen dies trotz ihrer ökologischen Flexibilität nicht vollständig kompensieren.

Verstädterung führt im Vergleich zu ungestörten Habitaten häufig zu einem Rückgang der Ameisendichte (Abundanz). Fälle, in denen die Abundanz stattdessen zunimmt, sind großenteils durch gebietsfremde, invasive Arten beeinflusst oder gehen auf die Ausbreitung einer nur kleinen Untergruppe aus dem Artenpool aller nativen Ameisenarten zurück. Der Oberflächenabfluss aus nahe gelegenen Städten wird an der kalifornischen Küste mit dem zunehmenden Vordringen der invasiven Argentinischen Ameise *(Linepithema humile)* in heimische Habitate in Verbindung gebracht. Dadurch wird die lokale heimische Ameisengemeinschaft wiederum homogener, da zahlreiche heimische Ameisenarten durch diese eine aggressive Art verdrängt werden. Wie eine Studie in Bogor, Indonesien, ergab, wird die dortige urbane Ameisengemeinschaft weitgehend durch dicht bepflanzte Hausgärten unterstützt. Zwar wurden 94 Arten gezählt, doch 12 davon waren invasiv, wobei sogar nur 2, *Anoplolepis gracilipes* und *Paratrechina longicornis,* fast jeden Standort dominierten. Mehr über invasive Arten und die Rolle des Klimawandels finden Sie in Kapitel 6.

SCHUTZMASSNAHMEN

Der Schutz von Lebensräumen, wo immer möglich, kann dazu beitragen, die Bedrohung einzudämmen, die die Ausdehnung von Agrarflächen und die Urbanisierung für ökologisch vielfältige Ameisengemeinschaften darstellen, darunter auch für seltenere und stärker spezialisierte Arten. Im bedrohten Cerrado-Biom in Zentralbrasilien deutet einiges darauf hin, dass städtische Parkanlagen, vor allem solche mit heimischer Vegetation, den Schutz von heimischen bodenlebenden Ameisen erleichtern. Räuberische heimische Ameisenarten können zudem künstlich auf Agrarflächen angesiedelt werden, um als biologische Schädlingsbekämpfer Populationen von Pflanzenschädlingen zu reduzieren. Wie Studien in tropischen Trockenwäldern an der Küste des Golfs von Mexiko gezeigt haben, sind isolierte Bäume und kleine Bereiche von regeneriertem Wald, die verstreut zwischen Agrarland liegen, in der Lage, eine gewisse heimische Ameisenvielfalt zu erhalten. Verglichen mit dem großflächigen Schutz heimischer Lebensräume ist die Wirksamkeit derartiger Bemühungen zwar begrenzt, dennoch könnten sie das Aussterben vieler Ameisenarten verhindern.

AZTECA

SUBFAMILIE:	Dolichoderinae
ARTENZAHL:	84 Arten
VERBREITUNG:	Zentral- und Südamerika
LEBENSRAUM:	Wald
NEST:	baumlebend (arboreal)
ERNÄHRUNG:	omnivor

Azteca ist eine kleine Gattung der Drüsenameisen; die Ameisen sind Allesfresser und nisten in lebendem oder totem Holz oder bauen Kartonnester in Bäumen. Einige Arten kultivieren einen schwarzen Hefepilz *(black yeast),* einen langsam wachsenden Vertreter der Chaetothyriales. Wenn eine junge Ameisenkönigin ihre Geburtskolonie verlässt, trägt sie den Pilz im Maul. Hat sie in einem hohlen Stängel ein neues Nest angelegt, beginnt sie, den Pilz in Kultur zu nehmen, den sie dann an ihre Larven verfüttert.

PFLANZENSCHUTZ

Cecropia-Arten sind schnell wachsende neotropische Bäume. Drei Viertel aller *Cecropia*-Arten sind Myrmekophyten, Bäume mit speziellen Anpassungen, die die Präsenz symbiotischer Ameisen sicherstellen. *Azteca*-Ameisen sind häufige Bewohner von *Cecropia*-Arten, eine Beziehung, die wohl vor etwa 8 Millionen Jahren entstand. *Cecropia*-Arten besitzen Domatien – spezialisierte Strukturen, gebildet aus Hohlräumen in den Stämmen, in denen Ameisen nisten können. Wenn ihr Domatien-Nest in irgendeiner Weise beschädigt wird, reparieren die *Azteca*-Ameisen Löcher mit Saft und Pflanzenfasern. Um die Ameisen zu füttern, bilden *Cecropia*-Bäume Müllersche Körperchen aus, glykogenreiche Strukturen, die an Blattstielansätzen wachsen. Im Gegenzug für Nahrung und Unterschlupf verteidigen *Azteca*-Ameisen ihren Wirt aggressiv gegen die Angriffe von Pflanzenfressern und Pathogenen, erhöhen die verfügbare Nährstoffmenge und verhindern Platzmangel, indem sie Vegetation in der Nähe entfernen. *Cecropia*-Pflanzen mit *Azteca*-Kolonie wachsen schneller als solche ohne Ameisen; sie verfügen über mehr Stickstoff und werden seltener von Pflanzenfressern belästigt.

BESCHÜTZERINNEN
Azteca-alfari-Arbeiterinnen in Panama. Trotz ihrer geringen Größe verteidigen sie ihren Wirtsbaum *(Cecropia)* aggressiv.

RHYTIDOPONERA

Wenn Sie in Australien über eine Ameise stolpern, stehen die Chancen gut, dass es sich um eine *Rhytidoponera*-Art handelt. Die kleinen bis mittelgroßen Ameisen haben ein stark skulpturiertes Exoskelett und sind manchmal metallisch gefärbt. Sie besiedeln eine breite Palette von natürlichen Habitaten, wie Waldland, Buschland sowie offene aride Regionen, sind aber in städtischen Lebensräumen, wie Parks und Gärten, ebenfalls häufig zu finden. Waldbewohnende Arten nisten in Bäumen, doch die meisten *Rhytidoponera* sind bodennistend, sei es unter liegenden Holzstämmen und Steinen oder als Hügelbauer. Der Standort eines Nests wird sorgfältig ausgesucht. Kolonien von *R. metallica* vermeiden es, unter kleinen Steinen zu nisten, weil das das Wachstum der Kolonie einschränken kann. Je größer der Stein, desto größer und erfolgreicher ist die Kolonie.

DIE SAAT AUSSÄEN

Myrmecochore Pflanzen hängen, was ihre Verbreitung angeht, von Ameisen ab. Ihre Samen tragen Elaiosomen als Anhängsel, spezielle nahrhafte Körperchen, die Ameisen dazu verleiten, sie zu sammeln. In temperaten Wäldern gibt es 2 bis 20 Arten samenverbreitender Ameisen, in tropischen Wäldern sind es hingegen Hunderte. In Australien fungiert *Rhytidoponera* als Schlüsselsymbiont; die Gattung ist für 45–72 Prozent der Samenverbreitung von myrmecochoren Pflanzenarten verantwortlich. Samen werden über Distanzen von 2–4 m transportiert. Samen zu sammeln, ist eine Aktivität, die von den Jahreszeiten abhängt und 1–4 Monate nach der Hauptblüteperiode der Pflanzen einsetzt. Was *Rhytidoponera* angeht, so stammen rund 6 Prozent ihrer Nahrung von Samen; der Rest setzt sich aus Aas oder frischer Beute von Wirbellosen zusammen.

SUBFAMILIE:	Ectatomminae
ARTENZAHL:	103 Arten
VERBREITUNG:	Australasien und indomalayische Region
LEBENSRAUM:	Alle Habitattypen innerhalb ihres Verbreitungsgebiets. Häufig in gestörten Lebensräumen und städtischen Habitaten.
NEST:	bodennistend, selten arboreal
ERNÄHRUNG:	omnivor, granivor, carnivor (Prädatoren)

CHARAKTERISTISCHE MERKMALE
Die metallischen Farben und die starke Oberflächenskulpturierung dieser Arbeiterinnen sind typisch für Ameisen der Gattung *Rhytidoponera*.

ANOPLOLEPIS

SUBFAMILIE:	Formicinae
ARTENZAHL:	10 Arten
VERBREITUNG:	Heimatgebiet: Afrotropis und indomalayische Region. Invasiv: weltweit.
LEBENSRAUM:	Wald, Buschland, aride Habitate, Agrarland
NEST:	bodennistend
ERNÄHRUNG:	omnivor

Diese kleine Gattung ist in der Afrotropis heimisch, bis auf eine Art, die in der indomalayischen Region lebt. Diese Ameisen sind unspezialisierte Prädatoren und Aasfresser (Wirbellose), nehmen aber auch Honigtau und Nektar zu sich. *Anoplolepis*-Arten sind sich schnell bewegende und aggressive Ameisen und oft eine der dominierenden Spezies in den Regionen, die sie besiedeln.

GELBE SPINNERAMEISEN AUF DER WEIHNACHTSINSEL

A. gracilipes, die Gelbe Spinnerameise, kann den traurigen Ruhm für sich beanspruchen, zu den 100 invasivsten Arten der Welt zu gehören. Aus Asien stammend, hat sie sich inzwischen in anderen tropischen und subtropischen Regionen verbreitet. In ihrem invasiven Verbreitungsgebiet bildet sie Superkolonien, wo die Art auf dem Waldboden Dichten von mehr als 2000 Ameisen pro Quadratmeter erreicht.

Der negative Einfluss der Gelben Spinnerameise macht sich vor allem auf Inseln bemerkbar, wo es der heimischen Fauna an Mitteln fehlt, sich zu verteidigen. In Hawaii haben Gelbe Spinnerameisen die heimischen *Tetragnatha*-Spinnen verdrängt, und auf den Seychellen sind sie für den Rückgang eines auf den Seychellen endemisches Skinks und der Rußseeschwalbe verantwortlich. Auf der Weihnachtsinsel haben sie mehr als ein Viertel des Regenwaldes der Insel erobert und haben den Bruterfolg der Graukappen-Glanztaube und einer Unterart einer auf der Weihnachtsinsel endemischen Drossel *(Turdus poliocephalus erythropleurus)* geschmälert. Sie überwältigen die Weihnachtsinsel-Krabben, indem sie ihnen Ameisensäure in Augen und Maul spritzen, was innerhalb von 48 Stunden zum Tod der Krabben führt. Dann fressen die Ameisen die Krabben und ziehen in deren Erdhöhlen ein. Schätzungen zufolge sind bislang 10 bis 15 Millionen Weihnachtsinsel-Krabben, rund ein Drittel der gesamten Population, von Ameisen getötet worden.

BLATTLÄUSE HÜTEN
Eine *Anoplolepis*-Arbeiterin kümmert sich um Blattläuse, um ihren Honigtau zu ernten. Das macht diese Gattung zu einem ernsten sekundären Schädling in der Landwirtschaft.

CAMPONOTUS

Rossameisen

Die hyperdiverse Gattung *Camponotus* (Rossameisen) ist in praktisch jedem Land der Erde zu finden und besiedelt als unspezialisierter Omnivore eine ganze Reihe von Habitattypen. Zwar halten *Pheidole*-Ameisen gegenwärtig den Rekord der artenreichsten Gattung, doch eine moderne Revision der *Camponotus*-Taxonomie könnte zeigen, dass sie die artenreichste Gattung ist. *Camponotus*-Ameisen sind nicht nur höchst divers, sondern auch häufige, zahlenmäßig dominante Komponenten der Standorte, die sie besiedeln. Im Primärwald auf Neuguinea machen sie 18 Prozent aller Ameisenarten aus, sie stellen 20 Prozent aller Nistplätze, und man findet sie auf 20 Prozent aller Bäume. *Camponotus*-Ameisen haben Minor- und Major-Arbeiterkasten, wobei die Minor-Arbeiterinnen für die Nahrungssuche zuständig sind, die Major-Arbeiterinnen hingegen für die Verteidigung der Kolonie, wobei sie manchmal Phragmosis einsetzen, um den Nesteingang mit ihrem Kopf zu blockieren.

BAUMNESTER BAUEN

Camponotus-Arten lassen sich leicht entdecken, wenn sie auf Nahrungssuche Wirbellose jagen und Pflanzenausscheidungen oder Honigtau sammeln. Viele Arten nisten auf dem Boden, während andere bereits vorhandene Hohlräume in Bäumen nutzen, darunter auch solche, die von anderen Insekten angelegt wurden. *Camponotus*-Baumnester können verschiedene Formen haben, und man findet sie in Humusschichten, die auf Bäumen entstanden sind, in toten oder lebenden Ästen oder Stämmen oder im Inneren von Lianen. Den Trivialnamen Zimmermannsameisen verdanken diese Tiere ihrer Fähigkeit, Nester in Holz auszuheben. Wenn dieses Holz statt eines Baumes im Wald Teil eines Gebäudes ist, werden sie als wichtige Schädlinge angesehen. Einige *Camponotus*-Arten sind Pflanzensymbionten und verteidigen ihre Wirtspflanzen, die ihnen im Gegenzug Nistplätze in spezialisierten Pflanzenstrukturen anbietet.

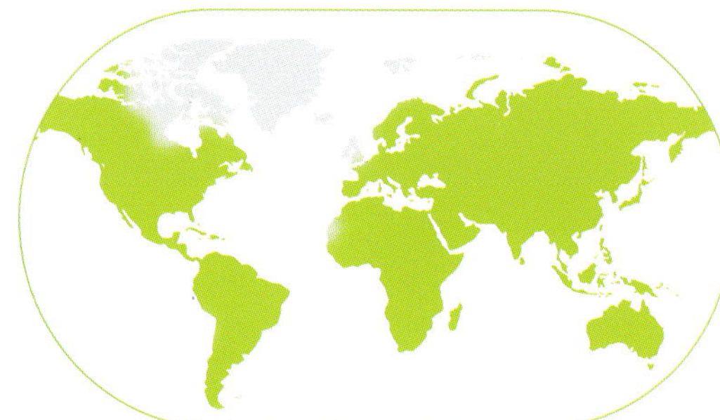

SUBFAMILIE:	Formicinae
ARTENZAHL:	1089 Arten
VERBREITUNG:	weltweit verbreitet, ausgenommen sehr hohe Breiten auf der Nordhalbkugel und einige Inseln
LEBENSRAUM:	praktisch alle Habitate (und Mikrohabitate)
NEST:	gewöhnlich bodennistend, manchmal arboreal
ERNÄHRUNG:	omnivor

AUFGEPEPPTE NAHRUNG

Camponotus-Ameisen beherbergen in ihrem Darm endosymbiotische Bakterien, *Blochmannia,* die die Nahrung ihres Wirtes mit essenziellen Aminosäuren anreichern.

ATTA
Blattschneiderameisen

SUBFAMILIE:	Myrmicinae
ARTENZAHL:	15 Arten
VERBREITUNG:	Neotropis
LEBENSRAUM:	Wald, Cerrado, Agrarland oder urbane Habitate
NEST:	bodennistend, manchmal sehr große Nester
ERNÄHRUNG:	herbivor

Wie der Name schon sagt, ernten Blattschneiderameisen frische, vor allem junge Blätter, die einen höheren Nährwert und einen geringeren Giftgehalt haben. Sie sammeln zudem Blüten, trockene Pflanzenteile, Samen und Insektenkot und gehen dabei in einem Umkreis von ca. 200 m ums Nest auf Nahrungssuche. In neotropischen Wäldern machen sie 25 Prozent der gesamten Herbivorie aus und entfernen 10–15 Prozent aller Blätter im Umkreis ihres Nests. Vor rund 5–15 Millionen Jahren entwickelten sie eine symbiotische Beziehung mit einem Pilz, der im Nestinneren das frisch geerntete Pflanzenmaterial abbaut und knollenartig verdickte Hyphen (Gongylidia) bildet, die von den Ameisen gefressen werden.

ÖKOSYSTEM-INGENIEURE

Dadurch, dass Blattschneiderameisen die physikalische, chemische und biologische Umgebung ihres Nests verändern, sind sie effiziente Ökosystem-Ingenieure. Sie heben große Bodennester mit bis zu 78 m^2 Fläche und 8 m Tiefe aus. Von einer zentralen Nestfläche ausgehend, können bis zu 7000 Pilzkammern angelegt werden, die durch Tunnel für Nahrungstransport und Belüftung verbunden sind. Die Umweltbedingungen im Nest (Feuchtigkeit, Temperatur und Gaskonzentrationen) werden so reguliert, dass sie für Pilzwachstum und Brutentwicklung optimal sind. *Atta vollenweideri* verändert Höhe und Anzahl der Ventilationsschächte, um die CO_2-Konzentration zu regulieren.

Der Nestbau verändert Durchlüftung, Dichte, Wasserrückhalt und Temperatur des Bodens und mischt zudem nährstoffarme und nährstoffreiche Erde aus verschiedenen Tiefen. Die physikalische Bodenstruktur wird verändert, wenn Erde zu Pellets gerollt wird, um eine weniger dichte und stärker poröse Konsistenz zu schaffen und die Belüftung des Bodens zu verbessern.

KOMMUNIKATIONSKANÄLE
Blattschneiderameisen verwenden Vibrationen, die durch ihren Körper übermittelt und dann vom Pflanzengewebe weitergeleitet werden, um andere Arbeiterinnen aufzufordern, herbeizueilen und ihnen beim Blattschneiden zu helfen.

NEOPONERA

Neoponera-Arten sind mittelgroße bis große neotropische Ameisen, die im Boden, in vermoderndem Holz oder auf Bäumen nisten. Sie sind unspezialisierte Prädatoren und fressen zudem tote Insekten, Wirbeltierkadaver, Früchte und Nektar; einige Arten sind spezialisierte Termiten-Prädatoren.

AMEISENGÄRTEN

Mehrere tropische arboreale Ameisenarten legen Ameisengärten an, ein Kartonnest aus Pflanzenfasern, aus dem Epiphyten wachsen. Zahlreiche Ameisenarten können sich mit verschiedenen Pflanzenarten verpartnern. Die häufigsten Bewohner von Ameisengärten in Südostasien sind *Crematogaster*-Arten, während es sich in der Neotropis oft um *Camponotus femoratus, Crematogaster levior* und *Neoponera goeldii* handelt. Königinnen von *N. goeldii* legen einen Ameisengarten an, indem sie zuerst auf einem Blatt oder Zweig ein kleines Kartonnest bauen. Anschließend werden Epiphytensamen – oft aus den Exkrementen von Wirbeltieren – in die Nestkonstruktion eingebaut. Die Epiphyten wachsen dann aus dem Nest heraus, wobei die Ameisen die Samen kontinuierlich ersetzen, um das Nest zu erweitern, wenn die Kolonie wächst. *N. goeldii*-Kolonien sind polykalisch – sie besiedeln mehrere Nester, die manchmal über mehrere Bäume verteilt sind.

Ameisengärten sind für beide Partner vorteilhaft. Die Ameisen unterstützen die Epiphyten durch Samenverbreitung und eine verbesserte Nährstoffzufuhr. Die Ameisennester werden durch die Wurzeln der Epiphyten verstärkt und durch deren Blätter vor Regen geschützt, was im Regenwald durchaus von Vorteil ist. Die Pflanzen lassen Wasser aus dem Karton verdunsten, sodass sich das Nest nicht mit Wasser vollsaugt. Einige Epiphyten liefern den Ameisen zudem Nektar, Elaiosomen und Fruchtfleisch.

SUBFAMILIE:	Ponerinae
ARTENZAHL:	56 Arten
VERBREITUNG:	Neotropis, vom südlichen Texas bis in den Süden von Brasilien
LEBENSRAUM:	Buschland, Wald, Cerrado, städtische Gärten
NEST:	Bodennester oder baumlebend (arboreal)
ERNÄHRUNG:	carnivore (spezialisierte Termitenprädatoren) oder omnivore Arten

CHARAKTERISTISCHE MERKMALE

Neoponera apicalis lässt sich an ihren großen Augen, dem schwarzen Körper, dem Fehlen aufrechter Haare oben auf dem Mesosoma und ihren gelben Antennenspitzen erkennen.

TETRAPONERA

SUBFAMILIE:	Pseudomyrmecinae
ARTENZAHL:	87 Arten
VERBREITUNG:	Afrotropis, Australasien und indomalaysische Region
LEBENSRAUM:	Wald, Waldland, Savanne, Mangroven
NEST:	baumlebend (arboreal)
ERNÄHRUNG:	mehrheitlich herbivore Arten

Tetraponera ist eine paläotropische und australische Gattung von baumlebenden Ameisen. Sie nisten in toten Zweigen wie auch in Domatien, speziellen Strukturen, die Ameisen Unterschlupf bieten. Einige Arten sind omnivor, doch die meisten sind herbivor und ernähren sich von Pflanzenexsudat oder Honigtau säftesaugender Insekten. Herbivore Ameisen haben eine zuckerreiche Ernährung, der es an essenziellen Aminosäuren mangelt, was bedeutet, dass sie aus der Nahrung nicht genügend Stickstoff aufnehmen. Um dieses Problem zu lösen, haben einige Arten zwischen Mitteldarm und Enddarm eine Tasche, in der sie symbiotische Bakterien beherbergen. Die *Hyphomicrobiales* (alter Name *Rhizobiales*), die in dieser Ameisentasche leben, spielen eine Rolle bei der Stickstofffixierung und erlauben den Ameisen, ihre stickstoffarme Ernährung zu ergänzen.

WANN IST EINE AMEISE KEINE AMEISE?

Ameisenmimikry kommt bei Springspinnen (Salticidae) häufig vor. Diese Spinnen verändern ihr Aussehen und Verhalten, um Angriffen von sich visuell orientierenden Jägern vorzubeugen, die sie für eine ungenießbare oder aggressive Ameisenart halten. Die südasiatische Springspinne *Myrmarachne cornuta* ahmt *Tetraponera*-Ameisen nach. Die Spinnen weisen eine Einschnürung des Cephalothorax auf, um den Eindruck zu erwecken, sie hätten einen vom Körper getrennten Kopf wie auch einen lange Taille und ein langgestrecktes Abdomen. Sie ahmen das Verhalten von Ameisen auch dadurch nach, dass sie erratisch hin- und herlaufen und ihr erstes Beinpaar heben, um den Eindruck zu erwecken, sie besäßen Antennen. Die Spinne mag auf diese Weise Fressfeinde abschrecken, doch das hat seinen Preis. Aufgrund ihrer körperlichen Modifikationen springt *M. cornuta* kürzer und fängt weniger Beute als andere Springspinnen, die keine Ameisen nachahmen.

SCHLANKE FIGUR
Tetraponera-Arten sind wegen ihres langen schlanken Körpers ideal dazu geeignet, in hohlen Zweigen und Ästen zu nisten.

6 | AMEISEN UND MENSCHEN

LANDWIRTSCHAFT: IST DIE AMEISE FREUND ODER FEIND?

Ameisen betätigen sich häufig als „Ökosystem-Ingenieure“, denn sie können ihre ganze Umgebung durch den Bau ihres Nests und durch Nährstoffrecycling in einer Weise verändern, die die gesamte biologische Gemeinschaft betrifft. *Atta*-Blattschneiderameisen (siehe Kapitel 5) bilden eine besonders einflussreiche Gruppe von Ökosystem-verändernden Ingenieuren. Ameisen in landwirtschaftlichen Ökosystemen – oder Agroökosystemen – bilden da keine Ausnahme. Auf vielen landwirtschaftlichen Betrieben und kommerziellen Baumpflanzungen können Ameisen die Produktivität einer Nutzpflanze positiv beeinflussen oder aber als Schädlinge wirken, die den landwirtschaftlichen Ertrag deutlich mindern.

In Kaffee-Agrosystemen in Mexiko spielen *Azteca*-Ameisen auf unerwartete und komplexe Weise eine wichtige Rolle für den Ernteertrag. Die Ameisen bauen Nester in Ameisenpflanzen (*Cecropia*-Baumarten), die zusammen mit verschiedenen anderen Baumarten als Schattenspender zwischen schattenliebenden Kaffeepflanzen wachsen. Die Arbeiterinnen klettern vom Baum herab und sammeln Honigtau von den zu den Hemipteren gehörenden Schildläusen (Kapitel 5), die an Kaffeepflanzen saugen. Da Schildläuse wichtige Schädlinge von Kaffeepflanzen sind, wäre es plausibel zu erwarten, dass diese Symbiose mit Ameisen – die im Gegenzug für den Honigtau, von dem sie sich ernähren, eine gesunde Population von Schildläusen aufrechterhalten – die Produktivität der Kaffeeplantage verringern würde. Die Kaffeepflanzen in der Nähe der *Cecropia*-Bäume, wo die Ameisen nach Nahrung suchen, erzeugen auch tatsächlich weniger Bohnen. Aber die ganze Angelegenheit hat eine unerwartete Wendung: Die Larven des Marienkäfers *Azya orbigera* fressen Schildläuse und überwinden die heftige Verteidigung der Ameisen, indem sie eine spezielle Verteidigungssubstanz produzieren, die die Mandibeln der Ameisen verklebt. Die adulten Tiere dieser Käferart, die keine Defensivsubstanzen produzieren und daher von den Ameisen vertrieben werden, sind gefräßige Prädatoren von Schadinsekten in den Kaffeeplantagen, wann immer kein *Cecropia*-Baum mit seinen aggressiven Ameisen in der Nähe ist. Indem *Azteca*-Arbeiterinnen einige lokale Populationen von Schildläusen pflegen, sorgen sie gleichzeitig für den Erhalt einer Population prädatorischer Käfer, die ihrerseits die Schädlingspopulationen in einem viel größeren Bereich der Plantage reduzieren. Dadurch nimmt die Produktivität der Kaffeeplantage insgesamt zu, auch wenn es zu einer lokalen Verringerung der Überlebensrate von Kaffeepflanzen rund um einzelne *Cecropia*-Bäume kommt.

Ameisen können als Pflanzenschädlinge auch Nutzpflanzen ernsthaft bedrohen. Manchmal werden die Pflanzen direkt geschädigt, wie es bei den Blattschneiderameisen in Südamerika, Zentralamerika und Nordamerika der Fall ist. Diese Schädigung erfolgt oft rasch und brutal – einige *Atta*-Kolonien können einen Obstbaum innerhalb von nur 24 Stunden völlig entblättern. Um einen solchen hohen wirtschaftlichen Schaden zu vermeiden, benutzen Landwirte Abschreckungsmaßnahmen, die von amei-

LINKS: In tropischen Waldsystemen des amerikanischen Doppelkontinents ist die Nahrungssammelaktivität von Blattschneiderameisen für ein Viertel der gesamten Herbivorie verantwortlich und stellt damit für die Landwirtschaft eine ernste Bedrohung dar.

LINKS: Schmierläuse sind Schädlinge auf Kaffeeplantagen. Eine verwandte Art, *Coccus viridis,* wird von *Azteca*-Ameisen gepflegt.

UNTEN: Einige *Azteca*-Arten leben im Stamm ihres Symbionten, eines *Cecropia*-Baums. Es ist beobachtet worden, dass sie verwundete Wirtsbäume „heilen", indem sie neue Löcher verschließen.

senspezifischen Insektiziden bis zu kreativeren Ansätzen wie dem Besprenkeln von Nutzpflanzen mit dem Kot von Blattschneiderameisen reichen, um die nahrungssammelnden Arbeiterinnen zu täuschen und ihnen vorzuspiegeln, die Blätter der Pflanzen seien ungenießbar. Die Beziehung von Ameisen zu Pflanzensäfte saugenden Schadinsekten und ihre Verteidigung dieser Insekten gegen Fressfeinde wie Marienkäfer führen dazu, dass die meisten Landwirte (und Gärtner) Ameisen gemeinhin als Schädlinge ansehen. Zudem können einige sehr aggressive stechende Arten wie die Rote Feuerameise *(Solenopsis invicta)* Landarbeiter angreifen oder Vieh auf den Weiden attackieren.

Einige räuberische Arten, wie *Oecophylla*-Weberameisen, können jedoch zur Schädlingskontrolle eingesetzt werden und so Schäden an Pflanzen verringern. Auch wenn Weberameisen ihren Speiseplan gelegentlich durch Honigtau von Schildläusen und anderen Hemipteren ergänzen, jagen sie hauptsächlich andere Insekten, darunter Herbivoren, und haben daher einen positiven Effekt auf die Produktivität von Nutzpflanzen. Landwirte, die dies erkannt haben, übersiedeln *Oecophylla*-Nester als natürliche Schädlingsbekämpfer daher in kommerzielle Baumpflanzungen. Ob eine Ameisenart sich positiv oder negativ auf die landwirtschaftliche Produktivität auswirkt, variiert also je nach Ameisenart und Kontext des Agroökosystems.

NAHRUNG UND MEDIKAMENTE

Ameisen können die menschliche Nahrungsproduktion beeinflussen, indem sie die Produktivität von Nutzpflanzen steigern oder senken, doch sie können auch selbst als Nahrungsressource dienen. Gerichte mit Ameisen enthalten gewöhnlich Eier oder Larven, doch manchmal werden auch Adulttiere (oder Teile davon) verzehrt. In manchen Kulturen gelten Ameisengerichte als Delikatesse, vielleicht aufgrund ihres einzigartigen Aromas und der Schwierigkeit, genug Ameisen zu sammeln, damit es für eine ganze Mahlzeit reicht. Möglicherweise haben sich Menschen ursprünglich der Myrmekophagie (Verzehr von Ameisen) zugewandt, weil Ameisen so reich an Protein sind, und haben von ihrer Häufigkeit und ihrer Nähe zu menschlichen Gemeinschaften profitiert.

Ameisengerichte werden rund um die Welt aus verschiedenen Ameisenarten zubereitet. Im heutigen Mexiko versteht man unter *escamoles* Ameisenlarven und -puppen zweier Dolichoderinae- Arten, *Liometopum occidentale* und *L. apiculatum. Escamoles* werden in der Regel in Butter frittiert und mit Chili gewürzt; sie können solo angerichtet oder als Taco oder Tortilla angeboten werden. Zubereitung und Verzehr von *Escamoles* reichen mindestens bis ins Aztekenreich zurück. Auf der anderen Seite der Welt, in südostasiatischen Ländern wie Thailand und Kambodscha, werden *Oecophylla*-Weberameisen schon lange in ähnlicher Weise zubereitet. Die Menschen in dieser Region sammeln die Larven der Weberameisen, die als Adulttiere recht aggressiv sein können, indem sie Körbe an langen Stöcken befestigen und damit heftig neben die Baumnester schlagen, sodass große Mengen an Larven (und Arbeiterinnen) in die Körbe fallen. Diese Ernte wird dann gekocht und gegessen oder für einen hohen Preis auf dem Markt verkauft, teurer als qualitativ hochwertiges Rindfleisch. Eine der vielleicht ausgefallensten Ameisendelikatessen stammt von Honigtopf-Ameisen: *Melophorus*- und *Camponotus*-Repleten, deren dick angeschwollene Gaster

UNTEN LINKS: Bei der Honigtopf-Ameise *Camponotus inflatus* speichern sogenannte Repleten Nahrung für ihre Schwestern, doch sie sind auch ein kleiner süßer Snack für Menschen.

UNTEN RECHTS: In Mexiko als *escamoles* bezeichnet, gelten Ameisenlarven in vielen Teilen der Welt als Delikatesse und sind entsprechend teuer und begehrt.

mit süßer Flüssigkeit gefüllt ist, werden gesammelt und von den Aborigines im heutigen Australien gern verzehrt.

Neben eher traditionellen Formen der Myrmekophagie experimentieren Menschen mit neuen Wegen des Ameisenverzehrs. Eine Destillerie in Großbritannien braut einen Gin mit Roten Waldameisen *(Formica rufa),* die dem „Anty Gin" dem Vernehmen nach ein einzigartiges Aroma verleihen, das teilweise auf den Ameisensäuregehalt der Insekten zurückgeht. Ähnlich hat eine kleine New Yorker Brauerei ein Beer namens „Funky Fresh" kreiert; bei der Fermentierung kommt eine Hefe zum Einsatz, die von lebenden Ameisen stammt. Eine Bar in Singapur entwickelte einen Cocktail auf Joghurtbasis, der mit „schwarzen Thai-Amei-

RECHTS: Eine Portion eines zubereiteten Chutney aus roten Ameisen (Chapura), zum Verkauf angeboten in Indien.

UNTEN LINKS: Eine thailändische Suppe mit Ameisen.

UNTEN RECHTS: Ein buntes französisches Gericht mit Salat, Petersilie, essbaren Blüten und *Polyrhachis*-Ameisen.

LINKS: Eine Dose mit Weberameisenköniginnen, geröstet und gesalzen, wird von einem thailändischen Unternehmen auf dem internationalen Markt angeboten.

sen" (wahrscheinlich *Polyrhachis*) gesprenkelt wird, und ein besonders wagemutiges Restaurant in Tokio servierte lebende Garnelen mit winzigen schwarzen Ameisen, die dem Gericht einen extra Säurekick geben sollen. Seit mehreren Jahrtausenden bis heute essen Menschen Ameisen, sei es auf traditionelle wie auch auf neuartige Weise, und das wird sich vermutlich auch nicht so bald ändern.

MEDIZINISCHE ANWENDUNGEN

Mehrere Kulturen haben eine lange Tradition, Ameisen zu verzehren oder auf andere Weise zu nutzen, etwa auf medizinische statt auf kulinarische Weise. Eine der frühesten dokumentierten Hinweise auf Ameisen findet sich im 5. Jahrhundert v. Chr. im *Sushruta Samhita,* einem medizinischen Text, der dem indischen Arzt Sushruta zugeschrieben wird. In diesem Text wird im Rahmen einer Diagnose, bei der es vermutlich um Diabetes geht – *madhumeha* oder „Honigurin" genannt –, die Beobachtung erwähnt, dass der Urin von Menschen mit dieser Krankheit Ameisen und Fliegen anlockt. In Ostafrika nutzen die Massai wie auch andere Volksgruppen den kräftigen Zangengriff von *Dorylus*-Wanderameisen als Notfallnaht: Sie veranlassen die Ameisen, in die Ränder über Wundöffnungen zu beißen und drehen dann die Köpfe ab, sodass die natürliche Naht an Ort und Stelle bleibt. Der im 11. Jahrhundert lebende persische Historiker Gardizi beschrieb die Verwendung von „Ameiseneiern und Wolfsmilch" bei türkischen Volksstämmen, um eine Kinderkrankheit zu heilen, gegen die es sonst kein Mittel gab. Ähnlich waren Ameisen jahrhundertelang Teil der traditionellen chinesischen Medizin, unter anderem zur Behandlung von Arthritis. In der Regel wird *Polyrhachis dives,* die im Englischen manchmal auch als *black ant* („Schwarze Ameise") bezeichnet wird, dafür gewählt, denn sie besitzt entzündungshemmende Eigenschaften und wird in Pulverform eingenommen. Eine Handvoll Studien hat potenzielle entzündungshemmende Eigenschaften und andere positive medizinische Wirkungen bei *Polyrhachis dives* und *P. lamellidens* nachgewiesen, darunter einen hohen Vitamin- und Mineralgehalt, und solche Untersuchungen bilden ein aktives Forschungsgebiet. Einige Forscher:innen beschäftigen sich auch mit antibiotisch wirksamen Bakterien im Darm von Blattschneiderameisen als mögliche Antibiotikaquellen für Menschen. Auch wenn Blattschneiderameisen offensichtlich nur recht entfernt mit Menschen verwandt sind, bauen sie große und langlebige unterirdische Nester, die an dicht bevölkerte menschliche Gesellschaften erinnern, denn beide fördern die Ausbreitung von Infektionskrankheiten. Diese ähnlichen epidemiologischen Bedingungen könnten die Evolution von antibiotisch wirksamen Bakterien bei Ameisen gefördert haben, und diese Bakterien ließen sich beim Menschen vielleicht zu ähnlichen Zwecken einsetzen.

OBEN: Ameisen werden in großen Mengen geröstet und in der traditionellen chinesischen Medizin zur Schmerzlinderung, zur Behandlung von Asthma und zur Verlängerung des Lebens eingesetzt.

UNTEN: Der kräftige Zangengriff von *Dorylus*-Ameisen, auch Siafu genannt, wird von den Massai kreativ eingesetzt, um Notfallnähte zu legen.

KULTURELLE IKONEN

Ameisen haben in die kulturellen Traditionen von Völkern rund um die Welt Eingang gefunden. Die faszinierende Ähnlichkeit zwischen Ameisen und Menschen könnte zusammen mit ihrer ausgeprägten Eusozialität das häufige Auftreten von Ameisen in unseren Fabeln, Parabeln und Sagen erklären. Dabei reicht die kulturelle Sicht von Ameisen als Lehrer der Menschheit bis zur Darstellung der koloniebildenden Insekten als wenig beneidenswertes Symbol für Verfall und Zerstörung.

Man kann Ameisen als Quelle der Weisheit ansehen, wie Benjamin Franklin im 18. Jahrhundert in seinem *Poor Richard's Almanack* empfiehlt: „Niemand predigt besser als die Ameise. Und die sagt nichts." Quer durch alle Kulturen zieht sich relativ durchgängig das Thema der Ameise als Symbol für harte Arbeit,

Durchhaltevermögen und Vorsorge für die Zukunft. In einer der ältesten Dokumentationen, die diese Sicht vertritt, nämlich im jüdischen Tanakh (Talmud), Spruch 6:6, wird dem Leser angeraten: „Geh zur Ameise, du Faulpelz, sieh ihre Weise an und werde klug." An anderer Stelle werden Ameisen als Beispiel von Weisheit beschrieben, weil es diesen Insekten vielleicht an körperlicher Stärke mangelt, sie aber dennoch im Sommer Nahrung für den Winter sammeln. Der antike griechische Dichter Äsop erzählt in seiner Fabel „Die Ameise und die Heuschrecke" (oder auch „Grille") eine Geschichte, deren Moral den Sprichwörtern sehr nahe-

LINKS: Ein Holzschnitt aus dem 19. Jahrhundert zur Bebilderung von Äsops Fabel „Die Ameise und die Heuschrecke". In dieser Wiedergabe bettelt eine Heuschrecke eine Gemeinschaft von hart arbeitenden Ameisen an.

LINKS: Prähistorische Felskunst der Hopi-Indianer im Barrier Canyon in Utah, darunter eine Darstellung der „Ameisenmenschen".

kommt: Wie es Ameisen tun, ist es besser, sich heute auf das vorzubereiten, was man in Zukunft brauchen wird, statt in der Gegenwart faul herumzulungern. In dasselbe Horn bläst der römische Dichter Horaz in seinen *Satiren,* als er schreibt, dass „die kleine Ameise, die mit großer Mühe im Maul trägt, was auch immer sie kann, und es dem Haufen hinzufügt, den sie baut, sich um die Zukunft kümmert und an sie denkt."

Kulturelle Bezüge zu Ameisen in Sprichwörtern und durch bekannte historische Figuren loben häufig die Fähigkeit einer kleinen Ameise, große Herausforderungen zu meistern. So sagt ein Sprichwort der Mossi-Volksgruppe im modernen Burkina Faso: „Wenn die Ameisen ihre Mäuler vereinen, können sie einen Elefanten tragen." Und die südafrikanische Sängerin und Bürgerrechtlerin Miriam Makeba schrieb in ihrem Buch *Makeba: My Story:* „Ich schaue eine Ameise an und sehe mich selbst: eine geborene Südafrikanerin, von der Natur mit einer Stärke ausgestattet, die viel größer ist als meine Statur, so dass ich mit der Last eines Rassismus fertig werden kann, der meinen Geist zerdrückt." Bevor Abraham Lincoln Präsident der USA wurde, untermauerte er sein Argument, dass Sklaverei moralisch nicht zu rechtfertigen sei, ebenfalls mit einem Ameisenbeispiel: „Die Ameise, die sich abgemüht hat, einen Krumen in ihr Nest zu zerren, wird wütend die Frucht ihrer Arbeit gegen welchen Angriff auch immer verteidigen." (Nagler, J.: Abraham Lincoln – Amerikas großer Präsident. C.H. Beck, München) In der mexikanischen Kultur lobt ein Sprichwort den Fleiß der Ameise trotz ihrer geringen Größe und begrenzten Kraft: „Eine Ameise in Bewegung schafft mehr als ein Dutzend Ochsen." Und in einem chinesischen Sprichwort heißt es über die Ausdauer von Ameisen: „Eine Ameise kann einen ganzen Damm zerstören." Wenn Menschen sich großen Herausforderungen gegenübersehen, können sie einen Blick auf Ameisen werfen, um sich von ihnen inspirieren zu lassen.

Sagen und Mythen aus verschiedenen Weltregionen beschreiben Ameisen auch als enge Verbündete des Menschen. Der griechischen Mythologie zufolge verwandelt Zeus Ameisen auf der Insel Aegina in Menschen, „Myrmidonen" genannt, über die König Aegus herrscht. In der griechischen Mythologie findet sich auch ein Fall von Myrmomantie – Wahrsagung durch die Deutung von Ameisenaussehen und -verhalten –, und zwar in der Geschichte von König Midas: Sein Reichtum wird von Ameisen vorhergesagt, die dem schlafenden König, damals noch ein Kind, Weizenkörner in den Mund fallen ließen. Die nordamerikanischen Hopi-Indianer wurden einer ihrer Legenden nach von einer Rasse „Ameisenmenschen" gerettet, die ihnen während zweier globaler Katastrophen, eine durch Feuer, die andere durch Eis, in ihren unterirdischen Tunneln Schutz boten. Und im Popol Vuh, einer Wiedergabe der Maya-Mythologie, retten Blattschneiderameisen die Zwillingsgötter Hunahpú und Xbalanqué: Die beiden werden als Kinder vor die mit Absicht unerfüllbare Aufgabe gestellt, den Herrschern von Xibalba vier Flaschenkürbisse zu bringen, gefüllt mit den Blüten zweier Pflanzenarten. Als die Herrscher ihren Wachen den strikten Befehl geben zu verhindern, dass die Jungen die Blüten sammeln können, rufen diese Blattschneiderameisen herbei, die unentdeckt und heimlich die Blüten sammeln; daher triumphieren die Zwillingsgötter über die hinterhältigen Herrscher.

KÜNSTLERISCHE INSPIRATIONEN

Mit einem derartigen kulturellen Fußabdruck haben Ameisen natürlich ihren Weg in die Literatur und in die bildende Kunst gefunden. *Die Ameisen* von Joachim Ringelnatz (1883–1934) ist wohl das berühmteste Gedicht eines deutschen Lyrikers, in dem Ameisen die Hauptrolle spielen. Seit 2014 steht in Hamburg eine dem Gedicht gewidmete Skulptur.

> „In Hamburg lebten zwei Ameisen,
> Die wollten nach Australien reisen.
> Bei Altona auf der Chaussee
> Da taten ihnen die Beine weh,
> Und da verzichteten sie weise
> Denn auf den letzten Teil der Reise.
> So will man oft und kann doch nicht
> Und leistet denn recht gern Verzicht."
>
> (Joachim Ringelnatz: Das Gesamtwerk in sieben Bänden. Band 1: Gedichte. Zürich 1994, S. 65–66)

Gedichte, die um Ameisen kreisen, stammen von so bekannten historischen Figuren wie Richard Lovelace, Margaret Cavendish und E. E. Cummings, ebenso von Nobelpreis- oder Pulitzerpreis-Gewinner:innen wie Robert Frost, Czesław Miłosz, Eugenio Montale, John Ashbery und Maria Wisława Anna Szymborska.

LINKS: In seinem Ameisenhügel-Versteck auf dem Land hat die fiktive „A. Tom Ameise" (auf Englisch hieß der Charakter „Atom-Ant") Zugang zu Trainingsausrüstung und einem Großcomputer.

OBEN: Der Film *Ant-Man* (2015) basiert auf dem Marvel Comic Superhelden Ant-Man, der erstmals 1962 in einer Geschichte erschien.

GEGENÜBER: Wendehals, ein Holzschnitt aus dem 19. Jahrhundert, ist eine künstlerische Darstellung eines Spechts, der einige Ameisen auf einem Baumstamm erbeutet.

Manchmal treten Ameisen darin so spielerisch auf wie in diesem Auszug aus Szymborskas Gedicht *Czwarta nad ranem* (*Vier Uhr am Morgen*, 1981):

> „Niemand fühlt sich um vier Uhr am Morgen gut.
> Wenn sich Ameisen um vier Uhr am Morgen gut fühlen –
> ihnen ein dreifaches Hurra! Und lass es fünf Uhr werden,
> sollten wir tatsächlich weiterleben."

Verspieltheit, Ernsthaftigkeit und selbst Angst und Schrecken sind Thema in Fernsehserien und Filmen, in denen Ameisen eine wichtige Rolle spielen. Die furchtlose Atom-Ameise, ein Superheld aus einem Cartoon von Hanna Barbara, die von 1965 bis 1968 im Fernsehen lief, ist ein gutes Beispiel dafür. Ameisen sind besondere Lieblinge von Fernseh-Comedys; man findet sie unter anderem in Folgen von *The Simpsons, Archer, Portlandia* und *Letterkenny.* Auf der Leinwand mutieren Ameisen eher zu Horrorgestalten, beispielsweise in so frühen Filmen wie *Them!, Phase IV* und *Empire of the Ants (In der Gewalt der Riesenameisen).* In neuerer Zeit werden Ameisen jedoch positiver dargestellt; Filme wie *Antz, The Ant Bully* und *Ant-Man* haben alle einen abenteuerlichen und komödiantischen Ton, während der Film des deutschen Regisseurs Werner Herzog *Wo die grünen Ameisen träumen* (englisch: *Where the Green Ants Dream*) ein ernsthaftes Werk ist, das sich mit indigenen Landrechten in Australien beschäftigt.

In Romanen dienen Ameisen oft als erweiterte Metaphern, so auch in Kurt Vonneguts Kurzgeschichte *The Petrified Ants* in *Look at the Birdie (Ein dreifach Hoch auf die Milchstrasse!),* einer satirischen Kritik an der sowjetischen Gesellschaft aus der Sicht von zwei russischen Ameisenpaläontologen, die mit einer fossilen Ameisengesellschaft konfrontiert werden, welche ihre ideologischen Überzeugungen ins Wanken bringt. In Toni Morrisons *Tar Baby (Teerbaby)* beschreibt die Autorin in einer langen und poetischen Passage über das eingeschränkte Leben einer Ameisenkönigin, die als Allegorie für das erstickende Leben voller Mühe und Plackerei von unterprivilegierten Frauen in der US-amerikanischen Gesellschaft gemeint ist. Und die feindliche Rasse der „Formics", die in dem SF-Film *Ender's Game – Das große Spiel* (Originaltitel: *Ender's Game*) geschildert wird, basiert eindeutig auf Ameisen (Formicidae). Im Lauf des Films entpuppt sich der destruktive Antagonismus zwischen Menschen und den

ameisenartigen Aliens als ein Missverständnis, und die fiktiven Mensch-Formic-Kriege dienen daher als warnendes Beispiel für fehlerhafte Kommunikation und Xenophobie, die hinter so manchem realen Krieg zwischen Menschen steht.

Künstlerische Darstellungen von Ameisen finden sich im Werk des französischen Klerikers Hugo de Fouilloy aus dem 12. Jahrhundert, betitelt *De Bestiis et Aliis Rebus* („Von wilden Tieren und anderen Dingen"). In dem satirischen Reisebericht *Bummel durch Europa* (Original: *A Tramp Abroad*) von Mark Twain gibt es ein paar skurrile Zeichnungen von Ameisen mit kurzen, prägnanten Titeln wie „Hindernisse überwinden", „Freunde" und „Untersuchen". Im Werk des spanischen surrealistischen Malers Salvador Dalí symbolisieren Ameisen im Allgemeinen Tod und Verfall, eine Assoziation, die der Künstler mit einer Kindheitserfahrung erklärt, als er entsetzt beobachtete, wie Ameisen um eine halbtote Fledermaus wuselten. Dalí wäre vielleicht fasziniert – oder auch verstört – gewesen, wenn er das *Self Portrait With Gun* des amerikanischen Künstlers Chris Trueman aus dem Jahr 2010 gesehen hätte, das Trueman aus den Körpern von 200 000 echten Ameisen herstellte. Eine weniger destruktive Nutzung von echten Ameisen bietet die Installation (1989) *The World Flag Ant Farm* des japanischen Künstlers Yanagi Yukinori. Yukinori schuf eine riesige Ameisenfarm mit 182 Kammern, von denen jede eine andere Landesflagge repräsentierte und die Welt als eine einzige, miteinander verbundene Ameisenkolonie darstellte.

LEHRKRÄFTE UND FORSCHUNGSOBJEKTE

Unser Verständnis für das Funktionieren von Ameisengesellschaften kann in verschiedenen Kontexten einen direkten Einfluss haben. Dank der bemerkenswerten Vielfalt von Ameisen und ihrer Bedeutung für funktionierende Ökosysteme lässt sich das Thema im Unterricht oder in öffentlichen Programmen behandeln, in denen es um ökologische und verhaltensbiologische Aspekte geht. Unsere Nähe zu Ameisen erleichtert ein solches Engagement. Ameisen inspirieren zudem Fortschritte in den Ingenieurs- und Computerwissenschaften.

Museen sind oft Zentren der Ameisenforschung. Museen wie beispielsweise das *Field Museum* in Chicago, das *American Museum of Natural History* in New York City, die Naturkundemuseen in Berlin und Karlsruhe oder das Naturhistorische Museum in Bern unterstützen die myrmekologische Forschung und führen Programme und Ausstellungen durch, um der Öffentlichkeit Informationen über Ameisen nahezubringen. Aber die Ameisenwissenschaften auf eine breitere Grundlage zu stellen, geht über Museen hinaus – mit dem Aufstieg der sogenannten Bürgerwissenschaft oder Citizen/Community Science sind Bestrebungen gewachsen, interessierte Laien in die Ameisenforschung einzubeziehen. Die soziale Netzwerk-Plattform iNatualist verbindet Biolog:innen mit Bürgerwissenschaftler:innen in aller Welt; das erleichtert das globale Sammeln und Teilen von Informationen über Biodiversität, darunter auch die Vielfalt von Ameisen. *The School of Ants* (Schule der Ameisen) in den USA gehörte zu den größeren Bürgerwissenschaftsprogrammen weltweit und lieferte Interessierten per Post einen Werkzeugkasten und Anweisungen für eine einfache Ameisensammlung. Tausende von Amateursammler:innen schickten Ameisen von vielen Standorten ein. Die Wissenschaftler:innen konnten anhand der Daten beispielsweise die Populationsgenetik von *Tetramorium immigrans* erforschen. Im deutschsprachigen Raum gibt es vielerorts lokale Bürgerwissenschaftsinitiativen, ferner steht das Portal naturgucker.info zur Verfügung, ein Netzwerk für Naturbeobachter:innen und alle, die es werden wollen. Das Deutsche Ameisen-Erlebnis-Zentrum bietet

UNTEN LINKS: In der *Citta dei Bambini* („Stadt der Kinder") in Genua, Italien, beobachtet dieses Kind aufmerksam Ameisen, die menschliche Nahrung als Futter sammeln.

UNTEN RECHTS: Diese Ameisen wurden von einem britischen Künstler aus recycelten Treibstofftanks von Motorrädern für eine Installation auf einem Markt für Street Food in London geschaffen.

OBEN: Im *Pavillon des Sciences* (Wissenschaftspavillon) in Montbélard in Frankreich ist eine riesige Skulptur einer Waldameise *(Formica)* ausgestellt.

Ausstellungen, Exkursionen und weitere Bildungsangebote rund um Ameisen an. Die Universität Mainz stellt mit dem A.N.T.S.-Experimentierkoffer praktische Ameisenexperimente für den Schulunterricht zur Verfügung, und auch der Ameisenschutz beider Basel bietet ein spannendes Jahresprogramm rund um das Thema an (mehr Informationen siehe S. 220).

BIOMIMIKRY

Das kollektive Verhalten von Ameisen ist, schon für sich allein betrachtet, sehr interessant, doch es gibt darüber hinaus Anwendungen in den Ingenieurs- und Computerwissenschaften, die auf den kollektiven Entscheidungsprozessen von Ameisen beruhen, ein Beispiel für die breitere Praxis der Biomimikry. Der Ameisenalgorithmus „ant colony optimization algorithm" (ACO) ist nach Ameisenkolonien modelliert, in denen einfache Regeln für jeden „Agenten" (oder für jede „Ameise") in einer Simulation schließlich zu einer optimierten Entscheidung führen, die die Effektivität verbessert. Dieser Algorithmus war ursprünglich als neue Methode gedacht gewesen, einen optimalen Pfad durch einen Graphen zu finden. Auch wenn ACO-Algorithmen sehr theoretisch klingen mögen, sind sie erfolgreich in der realen Welt angewendet worden, um Lieferrouten zu planen, Telekommunikationsnetzwerke zu entwickeln und Logistikprobleme zu lösen. In neuerer Zeit haben sich Forscher:innen auch mit dem Brückenbauverhalten der Wanderameise *Eciton burchellii* beschäftigt, die Brücken aus ihren eigenen Körpern bauen; dabei geht es den Ingenieur:innen um Einsatzmöglichkeiten bei sich selbst organisierenden Strukturen. Die fortwährende technologische Weiterentwicklung von „Roboter-Ameisen", die von der Beobachtung lebender Ameisen ausging, könnte zur Nutzung von „Schwärmen" individueller kleiner Roboter führen, die durch schwieriges Terrain navigieren oder gemeinsam selbst schwere Objekte transportieren können. Ein Vorteil dieses Ansatzes ist die sogenannte Fehlertoleranz, d. h., der Prozess oder die Aufgabe kann selbst dann ordnungsgemäß weitergeführt werden, wenn eine oder mehrere Ameisen ausfallen.

WELT IM WANDEL

In diesem vom Menschen dominierten geologischen Zeitalter, dem Anthropozän, haben menschliche Aktivitäten zu massiven weltweiten Veränderungen geführt, die durch eine radikale Transformation von Lebensräumen und Klima Auswirkungen auf alle Arten, einschließlich Ameisen, haben. Einige dieser Veränderungen haben die Notwendigkeit verstärkt, Ameisen als Konkurrenten und Schädlinge anzusehen. Andere stellen große Herausforderungen für die Ameisen selbst dar und bringen sie durch extreme ökologische Störung in Gefahr auszusterben. Beobachtete Verschiebungen in der Zusammensetzung von Ameisengemeinschaften können uns alarmieren und uns vor Problemen wie Habitatzerstörung und Klimawandel warnen.

Die vielleicht zerstörerischste durch Menschen verursachte Veränderung unter Ameisen ist die Verbreitung invasiver Arten. Der Datenbank der Weltnaturschutzunion (IUCN) über invasive Arten (Global Invasive Species Database) zufolge stehen nicht weniger als 5 Ameisenarten auf der Liste der 100 schlimmsten invasiven Arten der Welt. Diese 5 üblen Ameisenarten sind die Gelbe Spinnerameise *(Anoplolepis gracilipes)* (#6), die Argentinische Ameise *(Linepithema humile)* (#48), die Dickkopfameise *Pheidole megacephala* (#68), die Rote Feuerameise *(Solenopsis invicta)* (#86) und die Kleine Feuerameise *(Wasmannia auropunctata)* (#100). Für die Fähigkeit dieser Ameisen, ihr Verbreitungsgebiet stark zu vergrößern, sind wahrscheinlich einige angeborene Merkmale verantwortlich, die diesen Arten eine spezielle Resistenz gegen Störungen und ein großes Maß an verhaltensphysiologischer Flexibilität verleihen. Menschen haben dabei jedoch zweifellos eine große Rolle gespielt, vor allem dadurch, dass sie den Ameisen ihre Reise um die Welt unabsichtlich durch Verschleppung via Fracht- und Passagierschiffen erleichtert haben. Zudem lässt der anthropogene Klimawandel, der durch das Verbrennen fossiler Energieträger, Massentierhaltung und andere menschliche Verhaltensweisen vorangetrieben wird, die globalen Temperaturen weiterhin steigen, was wiederum einigen kälteintoleranten invasiven Arten eine noch weitere Ausbreitung erlaubt. Die Rote Feuerameise beispielsweise, die aus Südamerika stammt und schwere Fröste nicht überlebt, tauchte vermutlich vor rund 100 Jahren im Süden der USA auf. Im Lauf der Zeit ist sie mit dem stetigen Anstieg der durchschnittlichen Jahrestemperaturen immer weiter nach Norden vorgedrungen und kommt inzwischen in so weit nördlich liegenden Bundesstaaten wie Missouri und Virginia vor.

Invasive Arten beeinträchtigen das menschliche Wohlergehen wie auch ursprüngliche Ökosysteme stark. Die Stiche schwärmender Feuerameisen können Menschen den Aufenthalt im Freien vergällen, und für diejenigen, die stark allergisch auf Ameisengift reagieren, kann der Kontakt sogar lebensgefährlich sein. Einheimische Ameisenarten, die, wie gezeigt werden konnte, als „Ökosystem-Indikatoren" für die Habitatqualität in Regionen wie Australien fungieren, können von eingeführten invasiven Arten völlig verdrängt werden. Die Gelbe Spinnerameise ist so konkurrenzstark und dominant, dass sie im Südosten der USA sogar die Rote Feuerameise verdrängt. Eine solche Verdrängung erhöht das Aussterberisiko für heimische Ameisenarten, die vielleicht schon durch die weitverbreitete anthropogene Habitatzerstörung unter großem Stress stehen – und das mit negativen Folgen für das gesamte lokale Ökosystem und für alle Tiere (einschließlich des Menschen), Pflanzen, Pilze und sogar Bakterien, die direkte oder indirekten Beziehungen zu heimischen Ameisen haben.

Neben invasiven Arten bringt der allgemeine Einfluss des Klimawandels zusätzliche Bedrohungen für die Artenvielfalt von Ameisen mit sich. Ameisen unterscheiden sich in ihrer Wärmetoleranz, und Arten mit engeren Idealtemperaturbereichen sind

GEGENÜBER: Nach einem Regenguss tauchen am Rand eines Weges Hügel der Roten Feuerameise *(Solenopsis invicta)* auf, denn die Kolonie bewegt sich Richtung Oberfläche, weil Kammern tiefer im Boden überflutet wurden.

OBEN: Minor-Arbeiterinnen von *Pheidole megacephala* versuchen, eine Wanderameise *(Dorylus)* zu zerlegen.

gezwungen umzuziehen, wenn sich das Klima wandelt. Für Ameisenarten, die an niedrigere Temperaturen angepasst sind oder sehr hohe Temperaturen nicht vertragen, besteht die einzige Möglichkeit darin, in größere Höhenlagen (bergauf) oder in höhere Breiten (Richtung Pole) abzuwandern. Wenn sich die Erde weiter erwärmt, können selbst diese letzten Refugien unbewohnbar für sie werden, und dann stehen viele Arten vorm Aussterben. Im Rahmen gegenwärtiger menschlicher Bemühungen, den Druck invasiver Arten und des Klimawandels zu bekämpfen, werden etablierte invasive Arten entfernt, existierende heimische Lebensräume unter Schutz gestellt und Habitate restauriert, doch es sind mehr Programme in großem Maßstab nötig, vor allem wenn es darum geht, die Auswirkungen des anthropogenen Klimawandels zu verringern und umzukehren. Wenn es den Menschen nicht gelingt, sich lokal, national und international zusammenzufinden, um gegen die viele Bedrohungen vorzugehen, denen sich Ameisen neben anderen Tieren und Pflanzen gegenübersehen, könnte ein beträchtlicher Teil der faszinierenden und wunderbaren Vielfalt, die in diesem Buch beschrieben wird, bald der Vergangenheit angehören.

WELTWEITE VERBREITUNG VON *PHEIDOLE MEGACEPHALA*

RECHTS: Durch menschliche Aktivitäten konnten sich *Pheidole-megacephala*-Ameisen in der ganzen Welt ausbreiten und ihre geografische Verbreitung selbst auf entlegene ozeanische Inseln ausdehnen.

LINEPITHEMA

SUBFAMILIE:	Dolichoderinae
ARTENZAHL:	21 Arten
VERBREITUNG:	heimisch: Zentral- und Südamerika sowie Karibik. Invasiv: global
LEBENSRAUM:	Wald, Grasland, montane Habitate
NEST:	bodennistend oder arboreal
ERNÄHRUNG:	carnivor (unspezialisierte Prädatoren und Aasfresser)

Linepithema-Arten sind kleine monomorphe Ameisen, die zur Unterfamilie der Dolichoderinae gehören. Sie nisten in ursprünglichen oder gestörten Habitaten im Boden, in der Laubstreu und unter Steinen, manchmal auch auf Bäumen.

ARGENTINISCHE AMEISEN

Zwei der 21 *Linepithema*-Arten gelten als invasiv. Die baumlebende *L. iniquum* hat sich weltweit verbreitet, ist aber auf Treibhäuser beschränkt. Das lässt sich von einer der schlimmsten invasiven Schädlingsarten der Welt, der Argentinischen Ameise *(L. humile)*, nicht sagen. Diese Art, natürlicherweise in Südamerika heimisch, hat inzwischen alle Mittelmeer- oder subtropischen Klimaregionen besiedelt. Aufgrund der Erderwärmung könnte sich die Art noch weiter in stärker gemäßigte Regionen ausbreiten. Sie hat einen verheerenden Einfluss auf Mensch und Umwelt. Diese Ameisen beißen oder stechen nicht, dringen aber auf der Suche nach Nahrung und Wasser in großer Zahl in Häuser ein. Die Art kann lokale Arthropoden verdrängen und hütet säftesaugende Insekten wie Schmier- und Blattläuse, die Pflanzenschädlinge sind.

Die Argentinische Ameise bildet Superkolonien, bei denen viele Nester ein großes Gebiet bedecken und die Individuen sich einander gegenüber nicht aggressiv zeigen. In Europa hat es zwei Superkolonien der Argentinischen Ameise. Die Haupt-Superkolonie erstreckt sich 6000 km entlang der Atlantik- und der Mittelmeerküste, wobei eine kleinere Superkolonie im Nordosten von Spanien liegt. Individuen derselben Superkolonie bekämpfen sich niemals, selbst wenn sie aus Nestern stammen, die 6000 km entfernt voneinander liegen. Treffen jedoch Individuen von zwei Superkolonien aufeinander, reagieren beide sehr aggressiv und kämpfen bis zum Tod.

TYPISCHE MERKMALE

Linepithema-Arten haben das typische Aussehen von Ameisen der Unterfamilie Dolichoderinae: Sie haben einen einzelnen, schuppenartigen Petiolusknoten, eine glatte Gaster, und es fehlt ihnen ein Stachel oder ein Acidoporus.

DORYLUS

Dorylus-Wanderameisen werden nach ihren Suaheli-Namen auch Siafu genannt, ihre geflügelten Männchen heißen im Englischen wegen ihrer Form *Sausage Flies* („Wurstfliegen"). Sie heben Bodennester aus und bewegen in der ersten Woche der Nestgründung dabei pro Tag bis zu 20 kg Erde. Viele Arten sind unspezialisierte Arthropodenjäger, einige Arten sind allerdings auf Termiten oder Regenwürmer spezialisiert. Eine Schädlingsart ernährt sich von den unterirdischen Teilen von Nutzpflanzen wie Zuckerrohr, Kokospalmen, Zitrusbäumen und Kartoffelpflanzen.

In einer einzigen *Dorylus*-Kolonie können bis zu 20 Millionen Arbeiterinnen leben. Im Gegensatz zu anderen Vertretern der Unterfamilie Dorylinae haben sie keine definierten stationären oder nomadischen Phasen; der Auszug aus dem Nest erfolgt sporadisch. Eine *Dorylus*-Königin paart sich 15–20 Mal und speichert 880 Millionen Spermatozoen, um 3–4 Millionen befruchtete Eier pro Monat zu erzeugen.

FUTTER ODER FEIND?

Im Rahmen eines Verhaltens, das als „ant dipping" (Ameisenangeln) bezeichnet wird, fischen Schimpansen in Uganda nach *Dorylus*-Ameisen. Um nicht gebissen zu werden, benutzen sie einen Zweig als Angel. *Dorylus*-Ameisen sind in den Tropen bedeutende Schädlinge von Honigbienen. Sie können ein ganzes Bienenhaus (Apiarium) zerstören und innerhalb von wenigen Stunden die gesamte Brut abtransportieren und auffressen. Um dies zu verhindern, hängen Imker in Äthiopien ihre Bienenkörbe in Bäume, in denen stark territoriale und höchst aggressive *Crematogaster*–Ameisen nisten. In drei Vierteln aller direkten Zusammentreffen scheut *Dorylus quadratus* die Auseinandersetzung mit *Crematogaster chiarinii* und zieht sich zurück. Wenn es tatsächlich zu einem Konflikt kommt, ist die Mortalität bei den *Dorylus*-Ameisen stets höher. Eine einzige *Crematogaster*-Kolonie kann 100–200 Bienenkörbe vor *Dorylus*-Raubzügen beschützen.

SUBFAMILIE:	Dorylinae
ARTENZAHL:	61 Arten
VERBREITUNG:	Afrika und Asien
LEBENSRAUM:	Grasland, Savanne, Waldland, Wald
NEST:	bodennistend
ERNÄHRUNG:	carnivor (generalistische Prädatoren), einige Arten herbivor

BLINDE ARBEITERINNEN
Dorylus-Ameisen haben keine Augen, doch das hindert Individuen wie diese Soldatin nicht daran, die Kolonie zu verteidigen oder Beute zu fangen.

LASIUS

SUBFAMILIE:	Formicinae
ARTENZAHL:	125 Arten
VERBREITUNG:	Holarktis (nördliche Hemisphäre)
LEBENSRAUM:	Mehrheit der Habitattypen innerhalb ihres Verbreitungsgebiets
NEST:	Bodennistend. Einige Arten bauen auffällige Hügel.
ERNÄHRUNG:	omnivor

Lasius-Arten sind klein bis mittelgroß, und man findet sie oft in urbanen Lebensräumen. In den Regionen, wo sie leben, gehören sie zu den häufigsten Ameisen. In Europa sind *L. niger* und *L. flavus* lokal dominant; in den USA ist es *L. neoniger*. Die meisten Arten sind unspezialisierte Allesfresser, die sich von Honigtau, Nektar und den Überresten von Insekten ernähren.

TAG DER FLIEGENDEN AMEISEN

Auf der Nordhalbkugel kennen viele Menschen das Phänomen des „Tags der fliegende Ameisen" (Flying Ant Day). Diese sommerlichen Hochzeitsflüge dienen dem koordinierten Zusammentreffen geflügelter unbegatteter Königinnen mit reproduktiven Männchen aus anderen Nestern zwecks Paarung. Wenn extrem viele Männchen zusammenkommen, um sich mit Weibchen zu paaren, kann es bei *L. niger* vorkommen, dass sich die Männchen von mehreren Nestern am selben Ort versammeln. Dieses synchronisierte Ausschwärmen verhindert Inzucht (Paarung mit engen Verwandten) und reduziert das Risiko für das einzelne Tier, Fressfeinden zum Opfer zu fallen.

Im Rahmen eines Bürgerwissenschaftsprojekts in Großbritannien wurden die Menschen dazu aufgefordert, von ihrem „Flying Ant Day" zu berichten. Mehr als 13 000 Personen antworteten; demnach waren 97 Prozent der Sichtungen im Juli und August erfolgt. *L. niger* machte 88,5 Prozent der gesammelten Ameisen aus. Überraschenderweise fanden die Hochzeitsflüge, national oder regional betrachtet, nicht gleichzeitig statt, auch wenn es einen allgemeinen Trend gab. Zuerst schwärmten die Nester im Süden, mit fortlaufender Saison fingen auch die Nester weiter nördlich und im Westen des Landes an zu schwärmen, da das Verhalten stark witterungsabhängig ist und die richtigen Bedingungen dafür nicht überall zum gleichen Zeitpunkt ideal sind. Lokale Wetterbedingungen hatten den größten Einfluss auf den Zeitpunkt des Fluges; damit die Ameisen ausschwärmten, musste das Wetter am Vortag wie auch am Schwarmtag warm und windstill sein.

LANG LEBE DIE KÖNIGIN
Anders als diese Arbeiterin, die vielleicht nur ein paar Monate bis zu einem Jahr lebt, können es *Lasius-niger*-Königinnen unter Laborbedingungen auf 29 Jahre bringen.

MELOPHORUS

Melophorus-Arten sind im Allgemeinen omnivor; einige Arten überfallen Termiten- und *Iridomyrmex*-Kolonien, fressen tote Wirbellose und ernähren sich von Pflanzensamen. Sie sind thermophil (wärmeliebend), und man findet sie in heißen, ariden und semiariden Regionen Australiens. *Melophorus*-Ameisen gehen vorwiegend im Sommer auf Nahrungssuche und sind zur heißesten Zeit des Tages, bei Temperaturen zwischen 37 °C und 54 °C, aktiv. Sie nisten im Boden und unter Steinen oder Holz. Nachts oder wenn die Temperaturen unter 25 °C sinken, werden die Nester mit Sand oder kleinen Steinen verschlossen.

Die Gattung *Melophorus* gehört zu einer breiteren Kategorie von Honigtopf-Ameisen, die *Myrmecocystus* in den USA und *Camponotus* in Australien einschließt. Honigtopf-Ameisen haben eine spezialisierte Arbeiterkaste, die sogenannten Repleten, die als lebende Vorratskammern für die Kolonie dienen. Die Gaster von Repleten schwillt durch die dort gespeicherte Flüssignahrung stark an, die an Koloniemitglieder durch Trophallaxis weitergegeben wird.

WANDGEMÄLDE

Melophorus-Repleten werden oft für eine Nahrungsquelle der Aborigines gehalten, werden aber nicht so häufig verzehrt wie die hochgeschätzen *Camponotus-inflatus*-Repleten. Im Jahr 1971 lebten in der Papunya-Siedlung im Northern Territory von Australien viele verschiedenen Aborigines-Gemeinschaften. Ermutigt von einem lokalen Kunstlehrer begannen die älteren Männer, ihre Geschichten in einem Stil zu malen, der als „Punkt und Kreis“ bekannt ist, und schufen eine Bewegung, das Western Desert Art Movement. Das erste Kunstwerk, das sie schufen, war das *Honey Ant Mural*, ein Wandgemälde, das die Traumgeschichte über Honig-Ameisen erzählt, die später zu Menschen wurden.

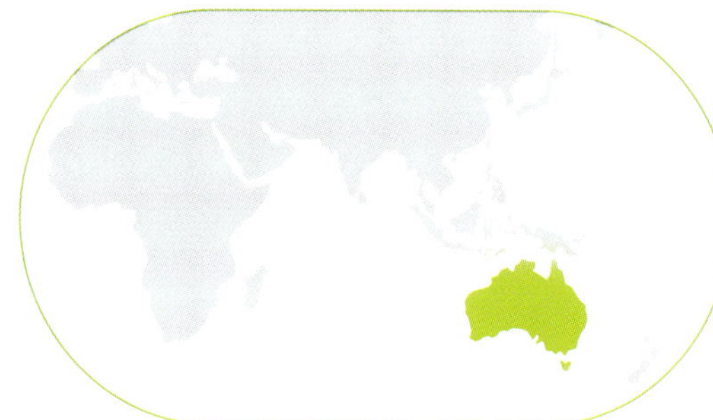

SUBFAMILIE:	Formicinae
ARTENZAHL:	91 Arten
VERBREITUNG:	Australien
LEBENSRAUM:	heiße, aride oder semiaride Habitate
NEST:	bodennistend
ERNÄHRUNG:	omnivor, einige carnivor (Prädatoren), manche granivor

EINE UNGEWÖHNLICHE MORPHOLOGIE
Melophorus hirsutus weist eine Reihe ungewöhnlicher Merkmale auf, darunter einige Individuen, die stark vorgewölbte Komplexaugen haben.

MYRMECIA

SUBFAMILIE:	Myrmeciinae
ARTENZAHL:	93 Arten
VERBREITUNG:	australisches Festland und Tasmanien
LEBENSRAUM:	Wald, Buschland, Waldland
NEST:	gewöhnlich bodennistend, einige Arten arboreal
ERNÄHRUNG:	omnivor

Myrmecia-Arten sind mittelgroße bis große Ameisen, die sich an ihren großen Augen und langen, gezähnten Kiefern erkennen lassen. Arbeiterinnen gehen einzeln auf Bäume in der Nähe ihres Nests auf Nahrungssuche und sammeln Baumsaft und Honigtau oder erbeuten Arthropoden. Obgleich sie normalerweise sehr aggressiv sind, suchen einige Arten friedlich nach Nahrung. Selbst wenn die Arbeiterinnen aus verschiedenen Nestern stammen und nicht miteinander verwandt sind, teilen sie sich Bäume für die Nahrungssuche.

TÖDLICHE GESCHÖPFE

Die streitlustige Haltung und der ausgezeichnete Sehsinn dieser Ameisen bringt es mit sich, dass sie einen Menschen zum Weggehen zwingen wollen, ihn vielleicht sogar anspringen. Sie können schmerzhaft stechen und damit bei allergischen Personen einen tödlichen anaphylaktischen Schock auslösen. Zwischen 1980 und 1999 starben 6 Menschen an *Myrmecia*-Stichen, alle innerhalb von 20 Minuten nach einem einzigen Stich. Als Präventivmaßnahme für Menschen, die auf *Myrmecia*-Stiche allergisch reagieren, wird eine Ameisengift-Immunotherapie angewandt. Die Betroffenen erhalten eine kleine Giftdosis, die allmählich gesteigert wird, um die Immunreaktion zu verändern.

ENTDECKUNG EINER ART

Bei der Beschreibung einer Typus-Art wird ein individuelles Originalexemplar verwendet, mit dem dann ein Artname verknüpft wird. Im Fall von *Myrmecia* wurde die Typus-Art für die Gattung 1770 in Botany Bay von Joseph Banks gesammelt, der damals mit Captain James Cook auf der *HMS Endeavour* auf Entdeckungsreise war. Fünf Jahre später wurde das Exemplar von Johan Christian Fabricius wissenschaftlich beschrieben. Die Ameise wird heute im Natural History Museum in London aufbewahrt. Eine andere Art, *M. banksi,* wurde 2015 zu Ehren von Joseph Banks beschrieben und benannt.

MARKANTE GESICHTSZÜGE
Die stark gezähnten Mandibeln und die großen, scharfsichtigen Augen sind bei dieser *Myrmecia*-Arbeiterin gut zu erkennen.

TETRAMORIUM

Tetramorium-Ameisen sind eine vielfältige und erfolgreiche Gruppe von Myrmicinae mit einer großen geografischen Verbreitung, die viele Habitate besiedeln. Zwar findet man Vertreter dieser Gattung überall in der Alten Welt, doch ihre größte Artenfülle erreicht *Tetramorium* in Afrika, wo es mindestens 220 Arten gibt.

GERN IN DER STADT: *TETRAMORIUM IMMIGRANS*

Tetramorium immigrans fühlt sich in nordamerikanischen Städten offenbar wohl und bildet große Kolonien, die Tausende von Arbeiterinnen umfassen können. Diese invasive Art stammt ursprünglich aus der Türkei und umliegenden Regionen. Zu Beginn des 19. Jahrhunderts schleppten Schiffe, die an der Ostküste vor Anker gingen, die Art in die USA ein, und inzwischen hat sie mindestens 39 Bundesstaaten besiedelt.

Im Jahr 2019 wandte sich eine Studie, genannt *School of Ants*, an die Öffentlichkeit und bat, Ameisen zu sammeln und einzusenden, sodass Wissenschaftler:innen ihre DNA analysieren konnten. Diese Studie ergab einen Mangel an genetischer Variation bei *T. immigrans,* was für ein einziges Immigrationsereignis in die USA oder für mehrere Ereignisse aus einer genetisch ähnlichen Gruppe spricht. Auch zwischen invasiven US-amerikanischen und europäischen Ameisen gab es nur wenig genetische Unterschiede. Ihre Ausbreitung von der ursprünglichen Anlandungsstelle über die USA wurde wahrscheinlich von Menschen unterstützt. Die Art könnte ihren Erfolg der fehlenden Konkurrenz durch eine ähnliche heimische Ameisenart verdanken. *T. immigans* ist nicht wählerisch, was ihre Nahrung angeht, und frisst Aas ebenso wie Pflanzen oder tierische Nahrung, die auf dem Bürgersteig landet.

SUBFAMILIE:	Myrmicinae
ARTENZAHL:	586 Arten
VERBREITUNG:	Artenvielfallt auf die Afrotropis konzentriert, aber in der madagassischen, paläarktischen, orientalischen und indoaustralischen Region weit verbreitet. Invasive Arten in den beiden Amerikas.
LEBENSRAUM:	zahlreiche Habitattypen: Wüste, Savanne, Grasland, Waldland, Wald und urbane Habitate
NEST:	im Boden, in der Laubstreu und arboreal
ERNÄHRUNG:	meist carnivor (Prädatoren), einige Arten granivor

ZAHLREICHE HABITATE
Tetramorium-Ameisen können auf dem Boden, in der Laubstreu oder in der Vegetation, auch im Kronendach nisten und nach Nahrung suchen.

PARAPONERA

SUBFAMILIE:	Paraponerinae
ARTENZAHL:	monotypisch (1 Art)
VERBREITUNG:	Neotropis
LEBENSRAUM:	Regenwald
NEST:	bodennistend, am Fuß von Bäumen; manchmal arboreal
ERNÄHRUNG:	omnivor

Die 24-Stunden-Ameise *(Paraponera clavata)*, auch Tropische Riesenameise oder im Englischen *Bullet Ant* („Gewehrkugelameise") genannt, ist eine sehr große dunkelbraune ponerine Ameise, die 2 cm lang werden kann. Die Art ernährt sich von Wirbellosen und Pflanzenteilen, und die Arbeiterinnen tragen extrafloralen Pflanzennektar zwischen ihren Mandibeln zum Nest zurück. Trotz ihres Rufs als aggressive Art können 24-Stunden-Ameisen friedlich mit anderen Arten koexistieren. In Peru leben Kolonien der Stachellosen Biene *Partamona testacea* mit *Paraponera-clavata*-Ameisen zusammen, ohne dass es zu Konflikten käme. Die Bienen profitieren, weil sie keine eigenen Nester ausheben können, doch was die Ameisen von der Gemeinschaft haben, ist unbekannt. Viele parasitische Insektenarten ahmen das chemische Profil ihrer Wirte nach, um nicht entdeckt zu werden. Das ist bei den Stachellosen Bienen nicht der Fall, was dafürspricht, dass die fehlende Aggression ein erlerntes Verhalten der Ameisen ist.

DAS WIRD WEHTUN!

Der Schmidt-Stichschmerz-Index ist eine Schmerzskala, die den Schmerz von Insektenstichen auf einer Skala von 1 bis 4 bewertet. Eine Bewertung von 1 steht für einen leichten Schmerz, wie ihn der Stich der Wanderameise *Eciton burchellii* bewirkt, der mittlere Schmerz durch den Stich von *Dinoponera gigantea* wird mit 2 bewertet. Ein Stich der Ernteameise *Pogonomyrmex badius* ruft starke Schmerzen (Stufe 3) hervor, die bis zu 8 Stunden anhalten. Und der Stich von *Paraponera clavata* erhält eine 4 und wird mit dem Schmerz einer Schusswunde *(Bullet Ant)* verglichen. Der Schmerz wird als „sofort einsetzender, höllischer Schmerz und Taubheit" beschrieben.

ANTENNENGRUBEN
Paraponera clavata lässt sich nicht nur an ihrer Größe identifizieren, sondern auch an ihren auffälligen Antennengruben, die hier als glatte, polierte Vertiefungen über den Augen zu erkennen sind.

GLOSSAR

Acidoporus
Kreisförmige Öffnung an der Spitze des Gasters, die Ameisensäure versprühen kann. Ein bestimmendes Merkmal von Arten in der Unterfamilie Formicinae.

alat (geflügelt)
Eine Königin oder ein Männchen mit Flügeln. Nicht alle Ameisenarten haben alate Königinnen und Männchen.

Ameisensäure
Eine von Ameisen produzierte chemische Substanz, die sich in ihrem Gift findet und offensiv wie auch defensiv eingesetzt wird. Der englische Naturforscher John Ray war der Erste, der 1671 Ameisensäure isolierte, indem er sie aus einer großen Anzahl von Ameisen destillierte.

Arbeiterinnen
Nichtreproduktive Kaste bei Ameisen und anderen eusozialen Insekten wie Bienen und Termiten. Ameisenarbeiterinnen sind stets flügellos. Bei einigen wenigen Arten besitzen die Arbeiterinnen noch funktionsfähige Ovarien und können unbefruchtete Eier legen (aus denen Männchen schlüpfen), wenn ihre Fortpflanzungsfähigkeit nicht durch Pheromone der Königin oder Kontrollmaßnahmen *(policing)* ihrer Nestgenossinnen unterdrückt wird.

Calyx (Kelch)
Teil des Pilzkörpers im Gehirn einer Ameise, der Informationen, z. B. von olfaktorischen Signalen, an die Lobenregionen des Pilzkörpers übermittelt.

Cephalothorax
Erster Körperabschnitt von Spinnen, bei dem Kopf und Thorax miteinander verschmolzen sind. Bei Spinnen, die Ameisen nachahmen, ist der Cephalothorax abgewandelt, um den Eindruck zu erwecken, es handele sich um zwei Körperabschnitte wie Kopf und Mesosoma bei Ameisen.

Claustral
Mit diesem Begriff werden Königinnen beschrieben, die nicht aktiv Nahrung beschaffen, um die erste Generation von Arbeiterinnen zu füttern. Stattdessen werden die vergrößerten Flugmuskeln einer claustralen Königin verstoffwechselt und benutzt, um die ersten Arbeiterinnen zu produzieren. Nicht-claustrale Königinnen gehen hingegen aktiv auf Nahrungssuche und haben in der Regel keine vergrößerten Flugmuskeln.

dealat (ungeflügelt)
Königin, die ihre Flügel nach der Paarung in Vorbereitung auf die Koloniegründung verloren hat. Auf dem Mesosoma dealater Königinnen sind deutlich Flügelnarben zu erkennen.

ergatoid
Fortpflanzungsfähige Ameise (Königin oder Männchen), die ständig flügellos ist. Ergatoide Königinnen, die niemals geflügelt waren, unterscheiden sich von dealaten Königinnen, die zunächst Flügel besaßen, später aber verloren haben.

eusozial
Gilt als die höchste Form der Sozialität; eusoziale Gesellschaften sind dadurch charakterisiert, dass (1) adulte Individuen sich um Nachwuchs kümmern, der nicht ihr eigener ist; (2) innerhalb einer Kolonie überlappende Generationen leben und (3) zur reproduktiven Arbeitsteilung eine oder mehrere eierlegende Königinnen sowie nichtreproduktive Arbeiterinnen gehören.

Evolvierbarkeit
Ein Begriff der Evolutionsbiologie. Er bezeichnet die Fähigkeit von Lebewesen, durch Veränderung ihrer Gene eine Veränderung ihrer Merkmale herbeizuführen.

Gamergate
Eine Arbeiterin, die in der Lage ist, Sperma in einer funktionierenden Spermatheka zu speichern und via sexueller Reproduktion Arbeiterinnen zu erzeugen. Gamergaten sind selten und beschränken sich weitgehend auf die Unterfamilien Ponerinae und Ectatomminae.

Gaster
Letzter Körperabschnitt nach dem Petiolus oder Postpetiolus. Entwicklungsbiologisch ist das erste Segment der Gaster das dritte (oder vierte) Segment des Abdomens.

Hämolymphe
Insektenäquivalent von Blut. Statt eines geschlossenen Kreislaufsystems, wie man es bei Wirbeltieren findet, wird die Körperhöhle von Ameisen einfach von Hämolymphe durchspült, die ständig in direktem Kontakt mit den Organen steht. Diese Form des Sauerstofftransports ist für Insekten dank ihrer geringen Größe möglich.

Inquiline
Als Inquiline bezeichnet man arbeiterinnenlose, permanent in den Nestern anderer Ameisen lebende Sozialparasiten.

Interkaste
Individuen in einer Ameisengesellschaft, die morphologisch und funktionell zwischen der Arbeiter- und der reproduktiven Kaste stehen.

Kartonnest
Baumnest, das aus einer Mischung von Tierkot, Pflanzenmaterial, Erde und Ameisenexkreten errichtet wird. Einige *Polyrhachis-, Dolichoderus- und Crematogaster-*Arten sowie Arten anderer Gattungen bauen Kartonnester.

Kropf
Teil des Verdauungstrakts, in dem Nahrung in flüssiger Form gespeichert, wieder hochgewürgt (Regurgitation) und durch Mund-zu-Mund-Fütterung zwischen Arbeiterinnen und Larven, Königinnen oder anderen Arbeiterinnen weitergegeben werden kann (Trophallaxis). Gemeinsam werden die Kröpfe aller Arbeiterinnen einer Kolonie oft als „sozialer Magen" bezeichnet.

kryptisch
Beschreibt eine Ameisenart, die klein und unauffällig ist und in der Laubstreu oder im Boden lebt. In der Evolutionsbiologie wird der Begriff auch gebraucht, um eine Art zu charakterisieren, die sich zwar genetisch von anderen Arten unterscheidet, sich aber nur schwer aufgrund morphologischer Merkmale allein von ihnen abgrenzen lässt.

Lebenszyklusstrategie *(Life History Strategy)*
Die Entwicklungsprozesse, die ein Organismus von der Geschlechtszelle bis zum Erwachsenenstadium durchläuft, vor allem diejenigen, die die Fitness (den Fortpflanzungserfolg) betreffen.

Maxillen
Mundwerkzeuge einer Ameise, die dazu dienen, Nahrung zu betasten, zu beriechen und zu manipulieren. Da sie weicher sind als die Mandibeln, sind Maxillen besonders wichtig, wenn es um die Handhabung weicher oder flüssiger Nahrung geht.

Mesosoma
Zweiter großer Körperabschnitt von Ameisen, funktionell mit dem Thorax anderer Insekten vergleichbar. Entwicklungsbiologisch ist der Thorax mit dem ersten Segment des Abdomens verschmolzen. Daher wird dieser Körperabschnitt in der Myrmekologie mit einem eigenen Namen bezeichnet, statt ihn einfach „Thorax" zu nennen.

Metathorakaldrüse (Metapleuraldrüse)
Drüse, die nur bei Ameisen vorkommt und eine antibiotische Flüssigkeit absondert, die sich in Reservoiren auf dem Propodeum sammelt. Einige Ameisentaxa, wie *Campanotus,* haben ihre Metathorakaldrüse im Lauf ihrer Evolution verloren.

Ocellen (Punktaugen)
Drei große einfache Augen, die auf der Stirn von Ameisenköniginnen, Männchen und selten Arbeiterinnen ein Dreieck bilden. Vermutlich helfen sie den Ameisen bei der Navigation.

Ommatidien
Die Facetten, die das Komplex- oder Facettenauge bilden. Ommatidien bieten nur eine schlechte Bildauflösung, doch Komplexaugen reagieren im Vergleich zu den „einfachen" Wirbeltieraugen, wie denjenigen des Menschen, empfindlicher auf Bewegungen.

Ovidukt (Eileiter)
Schlauchförmiger Leiter, durch den ein Ei vom Ovar in den Uterus wandert. Laterale Ovidukte verbinden jedes Ovar mit einem zentralen Ovidukt, der zum Uterus führt.

Parameren
Teil des Fortpflanzungssystems männlicher Ameisen. Die äußeren Parameren dienen dazu, die Königin während der Kopulation zu packen.

Parthenogenese (Jungfernzeugung)
Eingeschlechtliche (nicht ungeschlechtliche) Fortpflanzungsstrategie einiger Ameisenarten, bei der aus unbefruchteten Eiern fortpflanzungsfähige Weibchen erzeugt werden. Bei einigen parthenogenetischen Ameisenarten sind die Arbeiterinnen genetische Klone der Königin.

Penisvalven
Am weitesten innen gelegene Valven im Genitalapparat männlicher Ameisen. Diese gesägte, blattartige Struktur dient vermutlich der Verankerung während der Kopulation.

Petiolus (Stielchenglied)
„Taillen"-Segment zwischen Mesosoma und Gaster, entwicklungsbiologisch das zweite Abdominalsegment. Dieses Merkmal ist kennzeichnend für Ameisen und unterscheidet diese Familie von Bienen und Wespen.

Phänotyp, erweiterter
Merkmale nichtreproduktiver Arbeiterinnen, die die Fitness der Königin erhöhen. Man kann Merkmale von Arbeiterinnen wie kutikuläre Dornen als erweiterten Phänotyp der Königin ansehen, die deren re-

produktive Fitness steigern, obwohl diese Merkmale bei einem anderen Organismus auftreten.

Phragmosis
Physische Verteidigungsstrategie, bei der zumindest einige Arbeiterinnen abgestutzte Körperteile haben, mit dem sie den Nesteingang verschließen können, wie die runden Schild-Köpfe der Soldaten von *Cephalotes*-Arten.

Pilosität
Behaartheit oder speziell die Dichte der steifen Haare, die als Setae (Borsten) bezeichnet werden. Setae bestehen aus Chitin, demselben Material, aus dem auch das Exoskelett aufgebaut ist.

Pilzkörper
Teil des Ameisengehirns, der aus der Calyx und den Pilzkörperloben besteht. Der Pilzkörper wird mit kognitiven Funktionen wie Lernen und Gedächtnis in Zusammenhang gebracht.

polydom
Kolonien mit vielen Nestern werden als polydom (Synonym: polycalisch) bezeichnet.

Postpetiolus (zweites Stielchenglied)
Zweites „Taillen"-Segment bei Ameisen-Unterfamilien mit einem unterteilten Petiolus, darunter Myrmicinae und Pseudomyrmecinae.

Pronotum (Halsschild)
Sichtbarer Rückenteil des ersten Mesosomasegments.

Propodeum
Die oberste (sichtbare) Rückenplatte des letzten Mesosomasegments, entwicklungsbiologisch das erste Abdominalsegment.

Pygmäen
Die erste Generation von Arbeiterinnen, die von der Königin gelegt wird und gewöhnlich kleiner ist als die Folgegenerationen, da sie im Jugendstadium nur mit Eiern gefüttert wird, die die Königin speziell zu diesem Zweck für sie gelegt hat.

Replete (auch Speicherameise, Honigtopf)
Spezialisierte Arbeiterin, die Nahrung speichert und als lebendige Speisekammer dient. Die großen Mengen an flüssiger Nahrung im Kropf von Repleten führen dazu, dass sich ihr Gaster sichtbar ausdehnt.

Scapus (Fühlerschaft)
Das lange erste Glied des Ameisenfühlers. Der Scapus ist mit dem Funiculus (Fühlergeißel) verbunden, der aus mehreren kürzeren Segmenten besteht. Zwischen Scapus und Funiculus liegt ein geknietes Gelenk, das zusammen mit Petiolus und Metathorakaldrüse ein diagnostisches Merkmal von Ameisen darstellt.

Schlüsselart
Art, die mit einer oder mehreren anderen Arten intensive gegenseitige (mutualistische) Beziehungen unterhält, die, wenn sie zerstört würden, das ganze lokale Ökosystem in Mitleidenschaft ziehen würden. Australische *Rhytidoponera*-Arten gelten aufgrund ihres Verhaltens, Samen zu verbreiten, als Schlüsselarten.

Skulpturierung
Vertiefungen und Erhebungen (Leisten) der Kutikula. Skulpturierung kann ein wichtiges Bestimmungsmerkmal sein, um zwischen Ameisenarten zu unterscheiden.

Spermatheka (Receptaculum seminis, Samentasche)
Spezialisierte Struktur zur Speicherung von Sperma. Ihr ganzes Leben hindurch setzt eine Ameisenkönigin Spermien aus ihrer Spermatheka frei, um befruchtete Eier zu legen, die sich (in der Regel) zu Arbeiterinnen entwickeln.

Stigma (Plural Stigmata oder Stigmen)
Runde Öffnung im Exoskelett, durch die Insekten, einschließlich Ameisen, Sauerstoff aufnehmen (atmen).

Trophallaxis
Direkter Transfer von Flüssigkeiten, oft Nahrung, von einem Organismus zum anderen durch Regurgitation (Mund-zu-Mund-Trophallaxis) oder Ausscheidung (After-zu-Mund-Trophollaxis). Dieser Vorgang wird durch ein muskuläres Ventil, den Proventriculus, erleichtert.

Volsellen
Mittleres Valvenpaar im Genitalapparat männlicher Ameisen, eine Struktur, die man nur bei Ameisen findet.

WEITERFÜHRENDE LITERATUR

Hölldobler, B; Wilson, E. O.: *Ameisen – die Entdeckung einer faszinierenden Welt.* Birkhäuser, 1995

Hölldobler, B; Wilson, E. O.: *Der Superorganismus: der Erfolg von Ameisen, Bienen, Wespen und Termiten.* Springer, 2010

Jones, R.: *Ants: The ultimate social insects.* Bloomsbury Wildlife, 2022

Lach, L; Abbott, K; Parr C. (Hrsg.): *Ant Ecology.* Oxford University Press, 2009

Rico-Gray, V.; Oliveira, P. S.: *The Ecology and Evolution of Ant-Plant Interactions.* University of Chicago Press, 2008

Schuler, J.: *Baumbewohnende Ameisen mitteleuropäischer Auenwälder. Artenspektrum und Ökologie arborikoler Ameisen in naturnahen Hartholzauen an Rhein, Elbe und Donau.* Haupt Verlag, 2014 (als E-Book erhältlich)

Sleigh, Ch.: *Ant.* Reaktion Books, 2003

Williams, D. F.: *Exotic Ants: Biology, Impact, and Control.* CRC Press, 2021

BESTIMMUNGSFÜHRER

GLOBAL

Bolton, B.: *Identification Guide to the Ant Genera of the World.* Harvard University Press, 1994

EUROPA

Czechowski, W./Radchenko, A. G./Czechowska, W./Vepsäläinen, K.: *The Ants of Poland with Reference to the Myrmecofauna Of Europe.* Museum and Institute of Zoology at the Polish Academy of Sciences, 2012

Lebas, C./Galkowski, C./Blatrix, R./Wegnez, P.: *Die Ameisen Europas – Der Bestimmungsführer.* Haupt Verlag, 2019

Monnin, T./Espadaler, X./Lenoir, A./Peeters, C.: *Guide des fourmis de France.* BELIN, 2013

Seifert, B.: *Die Ameisen Mittel- und Nordeuropas.* Lutra, 2007

Skinner, G. J./Allen, Geoffrey W.: *Ants.* Naturalists' Handbooks 24. Pelagic Publishing, 2015

AMERIKA

Baccaro, F. B. et al.: *Guia para os Gêneros de Formigas do Brasil.* Editora INPA, 2015

Cover, S. P./Fisher, B. L.: *Ants of North America: A Guide to the Genera.* University of California Press, 2007

Ellison, A. M./Gotelli, N. J./Farnsworth E. J./Alpert, G. D.: *A Field Guide to the Ants of New England.* Yale University Press, 2012

Fernández, F./Guerrero R. J./Delsinne, T. D.: *Hormigas de Colombia.* Universidad Nacional de Colombia, Universidad del Magdalena, IAvH, Universidad del Valle, 2019

Mackay, E./Mackay, W. P.: *The Ants of New Mexico.* Edwin Mellen Pr, 2002

ASIEN

Dong, M: *The Ants of Korea.* Nature and Ecology, 2017

Imai, H. T. et al.: *Ants of Japan.* Gakken, 2003

AUSTRALASIEN

Don, W.: *Ants of New Zealand.* Otago University Press, 2008

Shattuck, S. O.: *Australian Ants: Their Biology and Identification.* CSIRO, 1999

AFRIKA UND MADAGASKAR

Fisher, B. L./Bolton, B.: *Ants of Africa and Madagascar: A Guide to the Genera.* University of California Press, 2016

Fisher, B. L./Peeters, Chr.: *Ants of Madagascar: A Guide to the 62 Genera.* Association Vahatra in Antananarivo, 2019

Slingsby, P.: *Ants of Southern Africa, The Ant Book for All.* Slingsby Maps, 2017

VEREINIGUNGEN UND ZEITSCHRIFTEN

Asian Myrmecology
www.asian-myrmecology.org
Wissenschaftliches Onlinemagazin, das sich asiatischen Ameisen widmet

Insectes Sociaux
www.springer.com/journal/40/
Fachzeitschrift, die sich der Biologie und Evolution sozialer Insekten und anderer Arthropoden widmet

International Network for the Study of Ants
www.antbase.net
Die Seite widmet sich vor allem den Ameisen Südostasiens, aber auch Ameisen der Mongolei, des Irans und Deutschlands sind Gegenstand der Seite.

International Union for the Study of Social Insects (IUSSI)
www.iussi.org
Ziel der Vereinigung ist es, das Studium der sozialen Insekten und anderer sozialer Organismen im weitesten Sinne zu fördern und zu unterstützen.

Myrmecological News
www.myrmecologicalnews.org
Von der Österreichischen Gesellschaft für Entomofaunistik herausgegebenes myrmekologisches Onlinemagazin

INTERESSANTE WEBSEITEN

https://dailyant.com
Blog von Benjamin Blanchard, auf dem interessante und amüsante myrmekologische Nachrichten und andere Ameiseninhalte zu finden sind

www.ameisenwiki.de
Wissenswertes über Ameisen und deren Haltung

www.ameisenschutzwarte.de
Internetpräsenz der Deutschen Ameisenschutzwarte e. V.

www.ameisenzeit.ch
Langähriges Citizen Science & Naturschutz-Projekt des Ameisenschutzes beider Basel

www.biologiedidaktik.uni-mainz.de/a-n-t-s-experimentierkoffer/
Ameisenexperimente für den Schulunterricht

https://waldameisen.blog/
Berner Waldameisenintenvar in Zusammenarbeit mit dem Naturhistorischen Museum Bern

www.antcat.org
Ein globaler Katalog von Ameisennamen und dazugehöriger taxonomischer Literatur

www.antmaps.org
Eine interaktive Seite, die die Verbreitung von Ameisen darstellt

www.antweb.org
Eine hervorragende Quelle für alle, die sich für Ameisen interessieren. Sie basiert in erster Linie auf Bildern und Museumssammlungen.

www.antwiki.org
Informationen zu allen Aspekten der Ameisenbiologie

https://globalants.org
Eine globale Datenbank mit Daten über Häufigkeit und Eigenschaften von Ameisen, zusammengestellt aus Aufzeichnungen von Ameisenökolog:innen

www.blog.myrmecologicalnews.org
Ein unabhängiger Ameisen-Blog, der sich der Myrmekologie und verwandten Gebieten widmet und Beiträge von Ameisenwissenschaftler:innen aus aller Welt enthält

www.myrminsoo.com
Der Insektenforscher Minsoo Dong betreibt auf seiner Website unter anderem einen Fotoblog, auf dem er beeindruckende Aufnahmen seiner Expeditionen teilt.

www.alexanderwild.com
Eine phänomenale Sammlung von Ameisenfotos

https://blogs.sun.ac.za/iimbovane/
Langjähriges Citizen-Science-Projekt zu Ameisen in Südafrika, das zahlreiche wissenschaftliche Ergebnisse lieferte

REGISTER

A
24-Stunden-Ameise 215
Abdrücke (Fossilien) 54, 55
Acidoporus 16, 20, 49
Acrobat Ants 68–69
Acropyga epedana 160
Agroöksysteme 188–190
Alarmpheromone 128, 152
Alkohol 191–192
Amazonenameisen 100-101
Ameisenalgorithmus 199
Ameisenbär 167
Ameisenfressende Tiere 167–168
  siehe auch Nahrung, Menschen
Ameisengärten 11, 182
Ameisenpflanzen 128, 162–163, 188
Ameisenvögel 164
Anatomie 16–29
Anoplolepis 176–177
Anoplolepis gracilipes 64, 171, 177, 200
ant colony optimization algorithm (ACO) 199
Antennen 24, 123
Antennenkreuzen 122–123
Aphaenogaster 142–143, 162
Aphaenogaster araneoides 90
Arbeiterinnen 7, 11, 16, 20, 21, 22–23, 56, 86, 92–98, 118–119
  Ausbeutung 100–101
  Größenunterschiede 36
  Koloniegründung 88–91
  Kommunikation 122–126
  Pheromonspuren 119–120
  Überwachung 94, 96–98
Argentinische Ameise 158, 171, 200, 202–203
Armadillo Ants 42–43
Artaufspaltung 60
Artenvielfalt 170–171, 198
Asseln 165
Atmung 27
Atta 99, 132, 163, 180–181, 188–189, 192, 195
Augen 24, 56, 121, 126
Ayers, Jeremy 72
Azteca 172–173, 188

B
Bakterien 54, 200
  Antibiotika 192
  Darm 124, 185
Banks, Joseph 211
Beine 23
Bernsteinfossilien 54–55, 75
Bienenkörbe 204
Biodiversität 170–171, 198
Biologische Schädlingsbekämpfung 171, 189
Biomimikry 199
Blattläuse 50, 52, 54, 58, 125, 128, 160
Blattschneiderameisen 6, 54, 60–1, 86, 99, 123, 132, 163, 180–181, 188–189, 192, 195
Blutrote Raubameise 100, 108
Brückenbauverhalten 199
Buckelfliegen (Phoridae) 168–169
Bullet Ants 214–215
Bürgerwissenschaften 198–199

C
Camponotus 18, 49, 128, 178–179, 191
Camponotus herculeanus 88
Carebara 36–37, 56
Cataglyphis 136–137
Cataglyphis bicolor 121
Cataglyphis cursor 86
Cecropia-Bäume 173, 188
Cephalotes 21, 88, 98, 128, 144–145, 153, 156, 169
Ceratomyrmex 75
Chromosomen 92
Citizen Sciences 198–199
Clark, John S. 67
Claustrale Arten 22
Colobopsis 138–139, 153
Colobopsis explodens 138
Crematogaster 68–69, 204

D
Dalí, Salvador 197
Diacamma 96–97
Diaspiden 39
Dimorphismus 36, 56, 98
Dinoponera 50, 56, 92, 114–115
Dinosaur Ants 66–67
Discothyrea 78–79
Discothyrea wakanda 79
Discovery-dominance trade-off 156, 158–159
Dolichoderinae 50–51, 52
Dolichoderus 88
Dornen 20–21, 35, 56
Dorylinae 50
Dorylus 50, 192, 204–205
Dracula Ants 104
Drüsenameisen 50–51, 52

E
Eciton 99, 106–107, 126, 164
Eciton burchellii 199
Epiphyten 11, 182
Ernteameisen 60, 90, 123
escamoles 190
Euprenolepis 140–141
Eusozialität 46, 58, 92–95, 120, 128
  Konkurrenz/Wettbewerb 152
  Fossilien 54
Evolution 44–65, 92–93, 118, 156

F
Fadenwürmer 169
fakultative Symbiose 160
Feuerameise, Kleine 86–87, 158, 200
Feuerameise, Rote 28, 189, 200
Feuerameisen 28, 189, 200
Fliegende Ameisen 24, 82, 207
Flügel 16, 22–23
Formica 60, 90, 100, 108–109, 135, 160
Formica rufa 108, 135, 191
Formica sanguinea 100, 108
Formica ulkei 132
Formica uralensis 135
Formicinae 49, 52
Formicoxenus nitidulus 108
Fortpflanzung 28–29, 80–101
Fossilen 52, 54–5, 75
Fouilloy, Hugo de 197
Franklin, Benjamin 194
Frösche 167–168
Fühler 24, 123

G
Gamergate 115
Gardizi 192
Gaster 16, 50
Gedächtnis 134–135
Gehirn 26–27
Gelbe Spinnerameise 64, 171, 177, 200
Geschlechtsbestimmung 92–93
Gigantiops 32–33
Gigantiops destructor 126
Gleiten 145
Granivore Ameisen 112, 155
Gruppenspringen 40

H
Haare 18–19, 56
Haidomyrmecinae 74–75
Haidomyrmex 54, 75
Haplodiploidie 92, 95
Harpegnathos 40–41
Hell Ants 12, 54, 74–75
Honigtau 11, 27, 130, 156, 160, 188, 189
Honigtopf-Ameisen 88, 152–153, 191, 208
Horaz 195

I
Inseln 62–65
invasive Arten 158–9, 171, 177, 200–201, 203
Iridomyrmex 18
Iridomyrmex purpureus 88, 159

J

Jagen/Jagd 21, 24, 126, 167
Harpegnathos 40
Tausendfüßer 149

K

Kaffeeplantagen 188
Kartonnester 132, 182
Kasten 94–95
Kidnapping (Verhalten) 100–101, 108, 153, 168
Kleine Feuerameise 86–87, 158, 200
Klimawandel 200–201, 203
Knospung 103
Knotenameisen 48, 52
Kolonien 118–119
Abspaltung *(fission)* 103, 107
Gründung 88–91
siehe auch Nester
Kommensalismus 160, 164–165
Kommunikation 122–126
Königinnen 7, 11, 16, 22–3, 29, 82, 94–96, 118–119
Koloniegründung 88–91
Hochzeitsflug 82, 85–6, 118, 123, 207
Konkurrenz 152–160
Kreislauf 27
Kropf 124
Künstlerische Werke 196–197, 208
Kutikula 18–19
Kutikuläre Kohlenwasserstoffe 122

L

Landumwandlung/Landkonversion 170–171
larval hemolymph feeding (LHF) 104
Lasius 165, 206–207
Lasius neglectus 158
Lasius niger 126, 207
Lebenszyklen 82–83
Leptanillinae 53
Leptogenys 164
Linepithema 202–203
Linepithema humile 158, 171, 200, 203
Liometopum 190

M

Makeba, Miriam 195
Mandibeln 18, 21, 25, 31, 56, 120
Martialinae 46, 53
Martialis 76–77
Martian Ants 76–77
Medikamente 192–193
Megaponera 146–147
Melissotarsus 38–39
Melophorus 190–191, 208–209
Menschen
Wechselbeziehungen 170–171, 186–201
siehe auch Nahrung
Mesosoma 16
Messor 112–123
Metapleuraldrüse 16
Metathorakaldrüse 16
Milben 165
Mimikry 165–166, 185
Biomimikry 199
Monodome Kolonien 90
Monomorphismus 36, 56, 99
Morrison, Toni 197
Muskulatur 22–23, 24
Myrmecia 210–211
Myrmecia croslandi 92
Myrmecocystus mimicus 88, 152–153
Myrmicinae 48, 52
Mystrium 102–103

N

Nahrung, Ameisen als 190–2, 208
Nahrungssuche 18, 21, 22, 32, 50–51, 56–57, 98–99, 104, 107, 118–124
Granivore Ameisen 112
Naturschutz 171
Navigation 24, 50, 118–121, 126, 199
Landmarken 32, 126
Pfadintegration 134, 137
siehe auch Pheromonspuren
Nematoden 169
Neoponera 182–183
Neoponera villosa 133
Nerven 26–27
Nester 11, 25
Ameisenhügel 131
Arboreale (Baumnester) 132, 133
Ausheben 132
Feuchtigkeit 132–133
Umzug 90
Verteidigung 153–155
Weberameisen 111
Nicht-claustrale Arten 22
Nischenaufteilung 156, 159
Nomadische Kolonien 91, 107
Nothomyrmecia 66–7
Nothomyrmecia macrops 67
Novomessor cockerelli 97–98

O

Obligate Symbiose 160, 162–163
Obligater Kommensalismus 165
Ocellen 24, 118–119
Odontomachus 30–31, 130
Oecophylla 90, 110–111, 132, 189, 190
Oecophylla longinoda 152
Ökologie 150–185, 188
Ommatidien 24
oral/oral-anale Trophallaxis 124–125

P

Pachycondyla harpax 124
Paraponera 214–215
Paraponera clavata 215
Parasiten 46, 160, 168–169
Parasitoiden 168–169
Paratrechina longicornis 171
Parthenogenese 86
Pfadintegration 134, 137
Pflanzenschädlinge 178, 188–189, 200
Pheidole 70–71, 94, 98, 158
Pheidole megacephala 98, 158, 200
Pheromone 24, 85, 94–96, 128
Alarm- 128, 152
Spur- 119–120, 126, 152
Phragmosis 21
Pilze
Pilzzucht 60–61, 141, 163, 173
Pathogene 169
Plectroctena 148–149
Pleometrose 88
Pogonomyrmex 60, 90
Pogonomyrmex badius 90
Polyandrie 86
Polydome Kolonien 90, 94, 98
Polyergus 100
Polygynie 88–89
Polymorphismus 36, 56, 98–99, 128
Polyrhachis 34–35, 60, 88, 128, 132, 192
Polyrhachis 34–5, 49, 60, 88, 128, 130, 132, 192
Ponerinae 50
Prionopelta amabilis 133
Proventriculus 124
Pseudomyrmex 128, 160, 162
Pseudomyrmex gracilis 156
Punktaugen 24, 118–119

R

Raubameise, Blutrote 100, 108
Receptaculum seminis 29, 82, 92
Reproduktion 28–29, 80–101
Rhytidoponera 18, 174–175
Ringelnatz, Joachim 196–197
Röntgenmikrotomografie 54–55, 79
Rossameise, Schwarze 88
Rossameisen 18, 49, 128, 178–179, 191
Rote Feuerameise 28, 189, 200
Rote Waldameise 108, 135, 191

S

Samenfressende Ameisen 112, 115
Samentasche 29, 82, 92
Samenverbreitung 162–163, 174
Sausage Flies 204
Schmidt-Stichschmerz-Index 215
Schmierläuse 160
Schnappkieferameisen 21, 30–31, 54, 130
Schuppenameisen 49, 52
Schwarze Rossameise 88
Schwarze Wegameise 126, 207
Seidenproduktion 39, 111, 132

Silberfischchen 164
Soldatinnen 21, 98, 100, 153
Solenopsis invicta 28, 189, 200
Sozialparasitismus 100–101, 108, 168
Spermatheka 29, 82, 92
Speziation 60
Spinnerameise, Gelbe 64, 171, 177, 200
Stich/Stachel 6, 16, 20, 56–57, 115, 128, 200, 211, 215
Stigmatomma 104–105
Stridulation 123
Strumigenys 72–73, 130
Superkolonien 177, 203
Sushruta Samhita 192
Symbiose 54, 60–61, 125, 128, 130, 160–165
Systematik 8–9, 46
Szymborska, Anna 196

T

Tanakh (Talmud) 194
Tandemlaufen 120
Tapinoma sessile 50
Tarnung 56, 130
Tatuidris 42–43
Tausendfüßer 149
Taxonzyklus 63–64
Temnothorax longispinosus 94
Temnothorax rugatulus 126, 155
Termiten 32, 50, 120, 146, 155, 167
Territorialiät 152–159
Tetramorium 212–213
Tetramorium immigrans 60, 199, 212
Tetramorium tsushimae 125
Tetraponera 184–185
Trommeln 128
Trophallaxis 124–125
Trueman, Chris 197
Twain, Mark 197

U

Urameisen 50
Urbanisierung 171

V

Vachellia-Bäume 160, 162
Verdauung 27
Vergessene Wegameise 158
Verteidigung 56–57, 128–130, 152–159
siehe auch Stich/Stachel
Vonnegut, Kurt 197
Vormagen 124

W

Waldameise, Rote 108, 135, 191
Waldameisen 60, 90, 108–109, 132, 135, 160
Wanderameisen 6, 91, 99, 106–107, 126, 164, 192, 199, 204–205
Wasmannia auropunctata 86–87, 158, 200
Weberameisen 90, 110–111, 132, 152, 189, 190
Wegameise, Schwarze 126, 207
Wegameise, Vergessene 158
Werkzeuggebrauch 142
Wohlriechende Hausameise 50
Wüstenlebende Ameisen 121, 137

Y

Yukinori, Yanagi 197

Z

Zimmermannsameisen 88, 124, 128, 178–179

ABBILDUNGSNACHWEIS

Der Verlag dankt für die Reproduktionserlaubnisse der Fotografien (l=links; r=rechts; o=oben; u=unten, M=Mitte):

1 kingma photos/Shutterstock; 2–3, 18ul, 18ur, 20ur, 21ul, 24, 25l, 25r, 28, 33, 38, 50, 52, 59r, 62, 63u, 66, 78, 82, 84or, 85, 87o, 89o, 94, 97o, 98, 100, 101ol, 101ur, 102, 105, 114, 124, 130u, 131o, 133, 134, 148, 150–151, 152, 154–155, 156, 157o, 158o, 161ol, 162ul, 163, 165, 168o, 168u, 170ul, 172, 183, 200, 201, 209 SR_001_Alex Wild; 4 supersaiyan3/Shutterstock; 6 Radu Bercan/Shutterstock; 7ol kajornyot wildlife photography/Shutterstock; 7ur, 13Ml, 13Mr, 13ul, 44–45, 60l, 154or, 161ur, 205, 214 SR_010_Chien Lee; 9, 119, 144 Emanuele Biggi/naturepl.com; 13ol, 20ul, 61ol, 123, 132, 154ol, 189ur, 190l, 202 Minden Pictures/Alamy Stock Photo; 13or zaidi razak/Shutterstock; 13ur Dirk Ercken/Shutterstock; 14–15, 19ul, 49ol, 49ur, 59l, 69, 73, 95o, 140, 176 SR_015_Melvyn Yeo; 19ol, 37, 58l, 127o, 191ur BIOSPHOTO/Alamy Stock Photo; 19ur Francisco Lopez-Machado/Alamy Stock Photo; 30 Kidsada Manchinda/Shutterstock; 34, 63o, 84u, 166ur SR_014_Nicky Bay; 41, 48 Martin Dohrn/naturepl.com; 42 AntWeb. Version 8.76.4. California Academy of Science, online at https://www.antweb.org. Accessed 11 March 2022/April Nobile/CASENT0423526_P; 51or Redmond Durrell/Alamy Stock Photo; 51u Peter Yeeles/Shutterstock; 53ol epioxi/Shutterstock; 53ur, 65u, 92 Nature Picture Library/Alamy Stock Photo; 55 Custom Life Science Images/Alamy Stock Photo; 54 NOAH PORITZ/SCIENCE PHOTO LIBRARY; 56–57 Worraket/Shutterstock; 57r SIMON SHIM/Shutterstock; 58r NICOLAS REUSENS/SCIENCE PHOTO LIBRARY; 60r, 61or Mark Moffett/naturepl.com; 61ur, 161ul Peter Yeeles/Alamy Stock Photo; 64 Vinícius Souza/Alamy Stock Photo; 65o dream_nantiya/Shutterstock; 70, 157u Clarence Holmes Wildlife/Alamy Stock Photo; 74 Prof. Bo WANG Director of Invertebrate Palaeontology Section; 77 AntWeb. Version 8.76.4. California Academy of Science, online at https://www.antweb.org. Accessed 1st March 2022/MichaelBranstetter/casent0106181_p_1_high; 80–81 SINCLAIR STAMMERS/SCIENCE PHOTO LIBRARY; 84ol, 162or, 167 blickwinkel/Alamy Stock Photo; 86 Adobestock/David; 87u Andy Sands/naturepl.com; 88, 122 Ripan Biswas/naturepl.com; 89u Fehmiu Roffytavare/Shutterstock; 90, 139, 143 SR_011_Matt Bertone; 91 Anton Sorokin/Alamy Stock Photo; 93o, 126 SR_001_Alex Wild_Public Domain; 93u Leonardo Mercon/Shutterstock; 95u Frank Blackburn/Alamy Stock Photo; 96, 166ol Cherdchai Chaivimol/Shutterstock; 97u, 130o vinisouza128/500px/Getty Images; 99l Paul Souders/Getty Images; 99r Andrew Darrington/Alamy Stock Photo; 106 Ryszard Laskowski/Dreamstime.com; 109 Adobestock/Antrey; 110 Ijp2726/Dreamstime.com; 113 Patrick LORNE/Gamma-Rapho via Getty Images; 116–117 Irina Kozorog/Shutterstock; 118 MedioTuerto/Getty Images; 120 Radu Bercan/Alamy Stock Photo; 121l Dinodia Photos/Alamy Stock Photo; 121r, 153 Nick Upton/naturepl.com; 125 Khelshoots/Shutterstock; 127b DR. JOHN BRACKENBURY/SCIENCE PHOTO LIBRARY; 128 Nick Vorobey/Shutterstock; 129o Kim Taylor/naturepl.com; 129u Charles Tee/Shutterstock; 135 Westend61 GmbH/Alamy Stock Photo; 136 Pavel Krasensky/Shutterstock; 147 Piotr Naskrecki/naturepl.com; 158u Kristian Bell/Shutterstock; 161or Szasz-Fabian Jozsef/Shutterstock; 164ul Morley Read/Alamy Stock Photo; 164or Juan Carlos Vindas/Getty Images; 166or Hue Chee Kong/Shutterstock; 169l Alex Hyde/naturepl.com; 169r Stephen P. Yanoviak; 170or EyeEm/Alamy Stock Photo; 171 PhotoStock-Israel/Alamy Stock Photo; 175 wallaby/Shutterstock; 179 Adobestock/peter; 180 Christian Schroth/ullstein bild via Getty Images; 184 Narupon Nimpaiboon/Shutterstock; 186–187 Mauricio Palos/Bloomberg via Getty Images; 188 Klaus Mohr/Shutterstock; 189ol Nigel Cattlin/Alamy Stock Photo; 190r fitopardo/Getty Images; 191or Lucy Calder/Alamy Stock Photo; 191ul Oxygensat/Shutterstock; 192 Marcus Harrison – food/Alamy Stock Photo; 193o THIERRY BERROD, MONA LISA PRODUCTION/SCIENCE PHOTO LIBRARY; 193u Avalon.red/Alamy Stock Photo; 194ul The Granger Collection/Alamy Stock Photo; 194–195or Daniel A. Leifheit/Getty Images; 196ul Everett Collection Inc/Alamy Stock Photo; 196or Marvel Studios/Walt Disney Studios/Kobal/Shutterstock; 197 Maidstone Museum and Art Gallery/Bridgeman Images; 198l CHRIS SATTLBERGER/SCIENCE PHOTO LIBRARY; 198r Dave Rushen/SOPA Images/LightRocket via Getty Images; 199 Hemis/Alamy Stock Photo; 206 Stephan Morris/Shutterstock; 210 Ken Griffiths/Shutterstock; 213 Pascal Guay/Shutterstock.

DANKSAGUNG

Ohne die gewissenhafte Arbeit vielen Myrmekolog:innen in aller Welt hätten wir dieses Buch nicht schreiben können. Die wahre Anerkennung gebührt diesen Wissenschaftler:innen, die die hier veröffentlichten faszinierenden Details der Ameisenbiologie entdeckt haben und denen wir wirklich dankbar sind, dass sie uns den wissenschaftlichen Hintergrund für dieses Buch geliefert haben.

Ebenso dankbar sind wir den Fotograf:innen, deren Arbeit dieses Buch illustriert. Ihr Geschick, diese winzige Welt der Ameisen einzufangen, erfüllt das Thema mit Leben und ist eine Augenweide für uns alle. Vielen Dank auch den Myrmekolog:innen auf Twitter, deren Hinweise von unschätzbarem Wert waren, indem sie uns auf wichtige Quellen aufmerksam machten: Alice Laciny; Emeline Favreau; Brendon E. Boudinot; Gabi Camacho; Megan Wilson; Andrés Sánchez, Marek Borowiec, Roberto Keller, Adrian Richter, Mark Wong und Anna Probert.

Zudem danken wir Joanna Bentley, Anna Southgate, Myriam Birch, James Waters und allen anderen, deren redaktionelle Arbeit für Bright Press und Princeton University Press dieses Buch ermöglicht hat.

Benjamin möchte sich gern herzlich bei denjenigen bedanken, die ihn liebten und unterstützten, als er eine Liebe für Ameisen entwickelte: seinen Eltern Scott und Judy; seinen Brüdern Joshua, Evan und Jordan; seiner Doktormutter Corrie Moreau; Moreau-AntLab-Freund:innen wie Shauna Price, Manuela Ramalho, Supriya, Peter Flynn, Jordan Greer und Matthew Nelsen; Schulfreund:innen wie Natalia Piland, Jackie Lungmus und Laura Southcott; und zahlreichen anderen lieben Menschen (die wissen, wer gemeint ist).

Heather möchte Freund:innen, Familie und Kolleg:innen danken, ohne die es unmöglich wäre, rund um die Welt zu reisen, um Ameisen zu erforschen. Besonders dankbar ist sie ihren Entomologenkolleg:innen an der Harper Adams University für ihre nimmermüde Unterstützung. Sie verdankt Daniel alles, und daher geht ihr größter Dank an ihn für seinen unerschütterlichen Glauben an sie, wie auch an Puzzles für ihre emotionale Unterstützung, wie sie nur eine Katze geben kann. Und schließlich ist dieses Buch für Josh und das noch ungeborene, namenlose Baby Campbell-Miles. Möge dein Leben voller Wunder, Neugier und Liebe zu Insekten sein.

ÜBER HEATHER CAMPBELL UND BENJAMIN BLANCHARD

Heather Campbell hat an der Universität Reading in ökologischer Entomologie promoviert und ist Dozentin für Entomologie an der Harper Adams University in Shropshire, UK. Sie ist Mitherausgeberin des *Journal of Ecology,* hat für viele führende wissenschaftliche Zeitschriften geschrieben, darunter *American Naturalist* und *Myrmecological News,* und ist *National Geographic Explorer.* Ihr Spezialgebiet ist die Diversität afrikanischer Ameisen.

Benjamin Blanchard promovierte in Evolutionsbiologie an der Universität von Chicago und ist Postdoc im Botanischen Garten Xishuangbanna der Chinesischen Akademie der Wissenschaften in Yunnan, China. Er hat diverse Artikel in Zeitschriften und wissenschaftlichen Fachzeitschriften publiziert und betreibt den Wissenschaftsblog *The Daily Ant.* Sein Forschungsschwerpunkt ist die Ameisenevolution mit Fokus auf merkmalsbasierter Diversifizierung.